煤炭中等职业学校一体化课程改革教材

矿井供电设备安装与检修（含工作页）

梁全平　主编

应急管理出版社

·北　京·

图书在版编目（CIP）数据

矿井供电设备安装与检修：含工作页 / 梁全平主编 .
-- 北京：应急管理出版社，2020

煤炭中等职业学校一体化课程改革教材

ISBN 978 - 7 - 5020 - 8242 - 0

Ⅰ. ①矿… Ⅱ. ①梁… Ⅲ. ①煤矿—矿井供电—设备安装—职业高中—教材 ②煤矿—矿井供电—设备检修—职业高中—教材 Ⅳ. ①TD611

中国版本图书馆 CIP 数据核字（2020）第 133781 号

矿井供电设备安装与检修（含工作页）

（煤炭中等职业学校一体化课程改革教材）

主　　编　梁全平
责任编辑　肖　力
责任校对　邢蕾严
封面设计　罗针盘

出版发行　应急管理出版社（北京市朝阳区芍药居 35 号　100029）
电　　话　010 - 84657898（总编室）　010 - 84657880（读者服务部）
网　　址　www. cciph. com. cn
印　　刷　北京玥实印刷有限公司
经　　销　全国新华书店

开　　本　787mm × 1092mm 1/16　**印张**　11 3/4　**字数**　272 千字
版　　次　2020 年 10 月第 1 版　2020 年 10 月第 1 次印刷
社内编号　20200822　　**定价**　38. 00 元

主　　　编：梁全平

参　　　编：武春辉　马永红

前　言

随着我国供给侧结构性改革的推进和煤炭行业去产能、调结构及资源整合步伐的加快，我国煤矿正向工业化、信息化和智能化方向发展。在这一迅速发展的进程中，加强人才引进和从业人员技术培训，打造适应新形势的技能人才队伍，是煤炭行业和各煤矿的迫切需要。

中职院校是系统培养技能人才的重要基地。多年来，煤炭中职院校始终紧紧围绕煤炭行业发展和劳动者就业，以满足经济社会发展和企业对技术工人的需求为办学宗旨，形成了鲜明的办学特色，为煤炭行业培养了大批生产一线高技能人才。为遵循技能人才成长规律，切实提高培养质量，进一步发挥中职院校在技能人才培养中的基础作用，从2009年开始，人社部在全国部分中职院校启动了一体化课程教学改革试点工作，推进以职业活动为导向、以校企合作为基础、以综合职业能力教育培养为核心，理论教学与技能操作融会贯通的一体化课程教学改革。在这一背景下，为满足煤炭行业技能人才需要，打造高素质、高技术水平的技能人才队伍，提高煤炭中职院校教学水平，山西焦煤技师学院组织一百余位煤炭工程技术人员、煤炭生产一线优秀技术骨干和学校骨干教师，历时近五年编写了这套供煤炭中等职业学校和煤炭企业参考使用的《煤炭中等职业学校一体化课程改革教材》。

这套教材主要包括山西焦煤技师学院机电、采矿和煤化三个重点建设专业的核心课程教材，涵盖了该专业的最新改革成果。教材突出了一体化教学的特色，实现了理论知识与技能训练的有机结合。希望教材的出版能够推动中等职业院校的一体化课程改革，为中等职业学校专业建设工作作出贡献。

《矿井供电设备安装与检修（含工作页）》是这套教材中的一种。本书采用一体化模式编写，详细介绍了煤矿主要供电设备的结构、工作原理、安装及检修等相关知识。本书贴近实践，符合煤矿现场实际，可作为职业学校煤矿机电等相关专业的教学用书，还可作为企业培训、职业技能鉴定机构用教材，以及生产一线相关专业技术人员的参考用书。

本书由山西焦煤技师学院梁全平老师担任主编，梁全平老师负责大纲的拟定和统稿工作，并编写了授课教材学习任务一～学习任务四；山西焦煤技师学院武春辉老师编写了授课教材学习任务五；山西焦煤技师学院马永红老师编写了工作页部分。在本教材编写的过程中，得到了山西汾西矿业（集团）有限责任公司的大力支持，在此表示感谢。

由于编者水平及时间有限，书中难免有不当之处，恳请广大读者批评、指正。

煤炭中等职业学校一体化课程改革教材

编审委员会

2020年4月

总　目　录

矿井供电设备安装与检修…………………………………………………………………… 1

矿井供电设备安装与检修工作页…………………………………………………………… 119

矿井供电设备安装与检修

目　录

学习任务一　煤矿供电系统概述 …… 5

学习活动1　明确工作任务 …… 5
学习活动2　工作前的准备 …… 11
学习活动3　现场施工 …… 11

学习任务二　矿用隔爆兼本质安全型高压永磁机构真空配电装置 …… 22

学习活动1　明确工作任务 …… 22
学习活动2　工作前的准备 …… 31
学习活动3　现场施工 …… 31

学习任务三　KBZ-630/1140矿用隔爆真空智能型馈电开关 …… 38

学习活动1　明确工作任务 …… 38
学习活动2　工作前的准备 …… 46
学习活动3　现场施工 …… 47

学习任务四　KBSGZY系列矿用隔爆型移动变电站 …… 55

学习活动1　明确工作任务 …… 55
学习活动2　工作前的准备 …… 69
学习活动3　现场施工 …… 69

学习任务五　井下电气作业培训考核系统（广联科技仿真系统） …… 78

学习活动1　明确工作任务 …… 78
学习活动2　工作前的准备 …… 107
学习活动3　现场施工 …… 107

学习任务一　煤矿供电系统概述

本学习任务为中级工和高级工都应掌握的基础知识。

【学习目标】

（1）掌握煤矿供电系统的分类、要求、应用范围。

（2）掌握煤矿井下供电的要求及电力负荷分类。

（3）掌握供电系统的构成与各部分的用途。

【建议课时】

8课时。

【工作情景描述】

电力是煤矿企业生产的主要能源，由于井下特殊的环境，为了减少井下自然灾害对人身和设备的危害，这就要求煤矿企业采取一些特殊的供电要求和管理方法。作为一名煤矿企业供配电技术人员应掌握矿井供电基本要求、矿井电力负荷分类、供电系统接线形式、矿井供电类型和井下各级变电所的接线等。

学习活动1　明确工作任务

【学习目标】

（1）掌握煤矿供电系统的分类、要求、应用范围。

（2）掌握煤矿井下供电的要求及电力负荷分类。

（3）掌握供电系统的构成与各部分的用途。

【建议课时】

4课时。

一、明确工作任务

煤矿企业对用电的要求非常严格。煤矿供电包括井下和地面的供电。通过学习煤矿企业对供电电源、电压的基本要求和负荷类型等，掌握煤矿供电和分配要求以及应用条件等内容。

二、煤矿供电相关知识

（一）煤矿企业对供电的要求

1. 可靠性

供电的可靠性是指供电系统不间断供电的可靠程度。煤矿供电一旦中断，不仅影响生产，而且可能使设备损坏，甚至发生人员伤亡事故，严重时会造成整个矿井的毁坏。为保证煤矿供电的安全可靠，《煤矿安全规程》规定，矿井应当有两回路电源线路（即来自两个不同变电站或者来自不同电源进线的同一变电站的两段母线）。当任一回路发生故障停止供电时，另一回路应能担负矿井全部用电负荷。正常情况下，矿井电源应当采用分列运行方式。一回路运行，另一回路带电备用。带电备用的变压器可以热备用；若冷备用，备用电源必须能及时投入，保证主要通风机在 10 min 内启动和运行。

2. 安全性

供电的安全性是指在生产过程中，不发生人身触电事故和因电气故障而引起的爆炸、火灾等重大事故。由于煤矿生产环境复杂，自然条件恶劣，供电线路和电气设备易受损坏，工作环境中存在水、火、瓦斯、煤尘、顶板五大自然灾害，容易发生漏电和触电或由电火花引起的瓦斯煤尘爆炸。所以，必须采取防爆、防触电、防潮及过流保护等一系列技术措施，制定严格的管理制度，以保证安全供电。

3. 技术合理性

供电的技术合理性是指电能的电压、频率、波形等质量指标要达到一定的技术标准；电力电子设备或者变流设备的电磁兼容性应当符合国家标准。频率、波形的偏差会影响到某些电气设备的正常工作。良好的电能质量是指电压偏移不超过额定值的 $\pm5\%$；3000 kW 及以上供电系统，频率偏移不超过 ±0.2 Hz，3000 kW 以下供电系统，频率偏移不超过 ±0.5 Hz。电力电子调速等设备（如防爆变频器、软启动、各种功率补偿器等）在矿井通风、提升运输、采掘等中越来越广泛的应用，在提高生产效率、节能环保的同时，也对井下电网质量产生一定影响。由于电力电子设备的使用，除对本身造成一定的危害，同时对通信、监控造成干扰，严重时使数据丢失、保护误动，因此要求电力电子设备符合电磁兼容性。

4. 经济性

供电的经济性是指在保证供电安全可靠的前提下，应力求供电网络接线简单，操作方便，建设投资和维护费用较低。

（二）电力负荷分级

矿区电力负荷按用户重要性和中断供电对人身安全或在经济等方面所造成的损失和影响程度分为三级。

1. 一级负荷

凡中断供电会造成人员伤亡或在经济等方面造成重大损失者，均为一级负荷。如矿井通风设备、井下主排水设备、经常升降人员的立井提升设备、瓦斯抽放设备、地面安全监控中心等。一级负荷必须设置两个独立电源供电，要求供电绝对可靠，一路供电发生故障，另一路供电能够保证立即投入运行。

2. 二级负荷

凡中断供电将在经济等方面造成较大损失或影响者，均为二级负荷。如经常升降人员的斜井提升设备、地面压缩空气设备、井筒保温设备、矿灯充电设备、井底水窝和采区下山排水设备等。二级负荷中较重要的负荷一般由双回路电源线路供电，其他设备也可以采用单回路专用线路供电。

3. 三级负荷

凡中断供电不会在经济上或其他方面造成较大影响者为三级负荷。如矿区住宅、机械修理厂等。三级负荷只需要单回路电源线路供电。

负荷分类的目的：确保一级负荷供电不间断，保证二级负荷用电，考虑三级负荷供电。

（三）煤矿供电系统

1. 煤矿供电系统类型

煤矿供电系统有两种形式：一种是深井供电系统；另一种是浅井供电系统。

煤矿的供电电源，一般来源于电力系统的区域变电站或发电站，送到矿山后再变、配给煤矿的用户，即由矿井的各级变电所、各电压等级的配电线路共同构成煤矿供电系统。

煤矿供电电压为6～110 kV，视煤矿井型及所在地区的电力系统的电压而定。一般为35～110 kV的双电源供电，经总降压站以高压向车间、井下变电所及高压用电设备等配电，组成煤矿的高压供电系统；各变电所经变压器向低压用电设备配电，组成低压供电系统。决定矿井供电系统的主要因素有井田范围、煤层埋藏深度、矿井年产量、开采方式、井下涌水量以及开采机械化和电气化程度等。对于开采煤层深、用电负荷大的矿井，可通过井筒将3～6 kV高压电缆送入井下，一般称深井供电。如煤层埋藏深度距地表100～150 m，且电力负荷较小时，可通过井筒或钻孔将380 V或660 V低压电直接用电缆送入井下，称浅井供电。根据具体情况，也可采用上述两种方式同时向井下供电，或初期采用浅井供电，后期采用深井供电等方式。

2. 深井供电系统

煤层埋藏深、井下负荷大、涌水量大时，采用深井供电系统。这种供电方式由设于地面的矿山地面变电所6（10）kV母线引出高压电缆通过井筒送至井下中央变电所，然后从中央变电所经沿巷道敷设的高压电缆送到井下各高压用电设备和采区变电所，形成“地面变电所—中央变电所—采区变电所”三级高压供电系统。深井供电系统地面部分如图1－1所示。

井底车场附近的低压用电设备的供电，是由设在中央变电所的变压器降压后供给；采区内的低压用电设备的供电由采区变电所降压后供给。采区内综采工作面的低压用电设备由采区变电所引出高压电缆，送到置于工作面附近顺槽的移动变电站，降压后供给。深井供电系统井下部分如图1－2所示。

3. 浅井供电系统

煤层埋藏不深（一般离地表100～150 m）、井田范围大、井下负荷不大、涌水量小的矿井，可采用浅井供电系统。

根据我国情况，浅井供电主要有以下3种方式：

（1）井底车场及其附近巷道的低压用电设备，可由设在地面变电所的配电变压器降压后，用低压电缆通过井筒送到井底车场配电所，再由井底车场配电所供给。井下架线式电机车所用直流电源，可在地面变电所整流，然后将直流电用电缆经井筒送到井底车场配电所后供给。

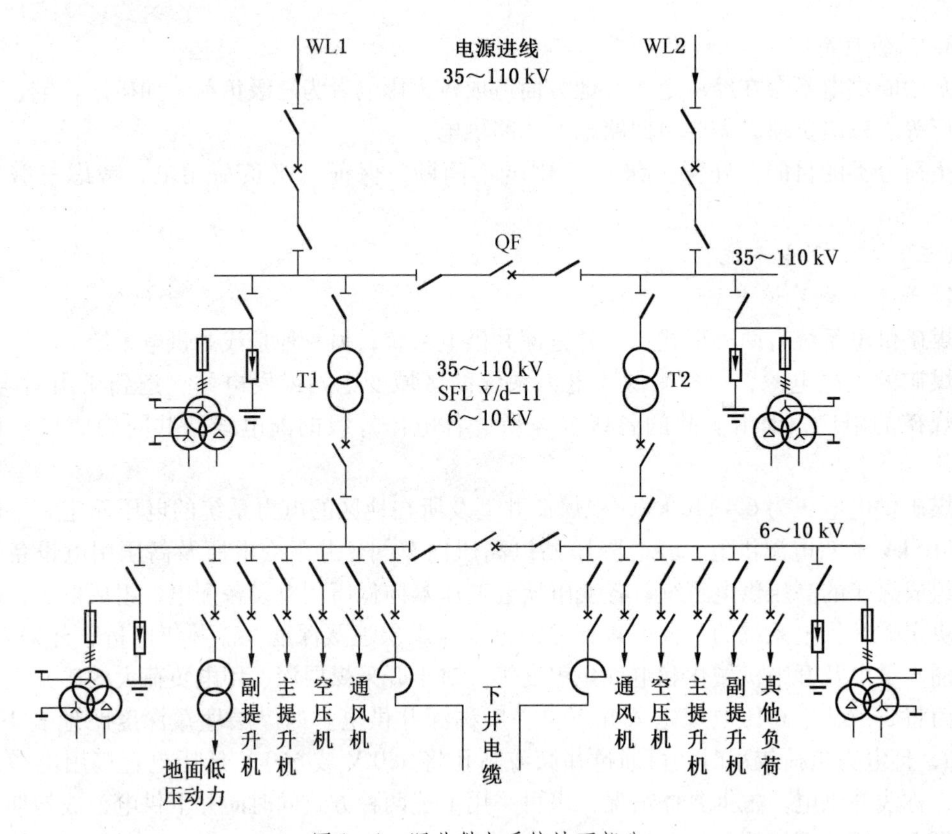

图1-1 深井供电系统地面部分

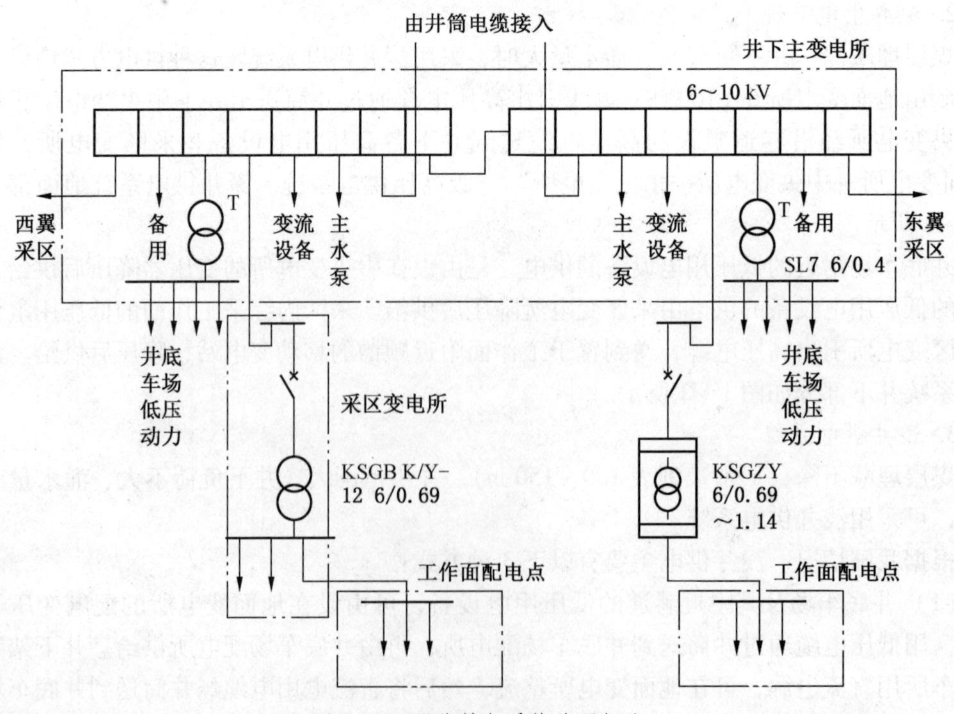

图1-2 深井供电系统井下部分

(2) 当采区负荷不大或无高压用电设备时，采区用电由地面变电所高压架空线路将电能送到设在采区地面上的变电室或变电亭，然后把电压降为380 V或660 V后，用低压电缆经钻孔送到井下采区配电所，由采区配电所再送给工作面配电点和低压用电设备。

(3) 当采区负荷较大或有高压用电设备时，用高压电缆经钻孔将高压电能送到井下区变电所，然后降压向采区低压负荷供电。

在浅井供电系统中，由于采区用电是通过采区地表直通井下的钻孔向采区供电的，所以也称为钻孔供电系统。为防止钻孔孔壁塌落挤压电缆，钻孔中应敷设钢管，电缆穿过钢管送至井下采区。

浅井供电系统可节省井下昂贵的高压电气设备和电缆，减少井下变电硐室的开拓量，所以比较经济、安全。其不足之处是需打钻孔和敷设钢管，且钢管用后不能回收。浅井供电系统如图1-3所示。

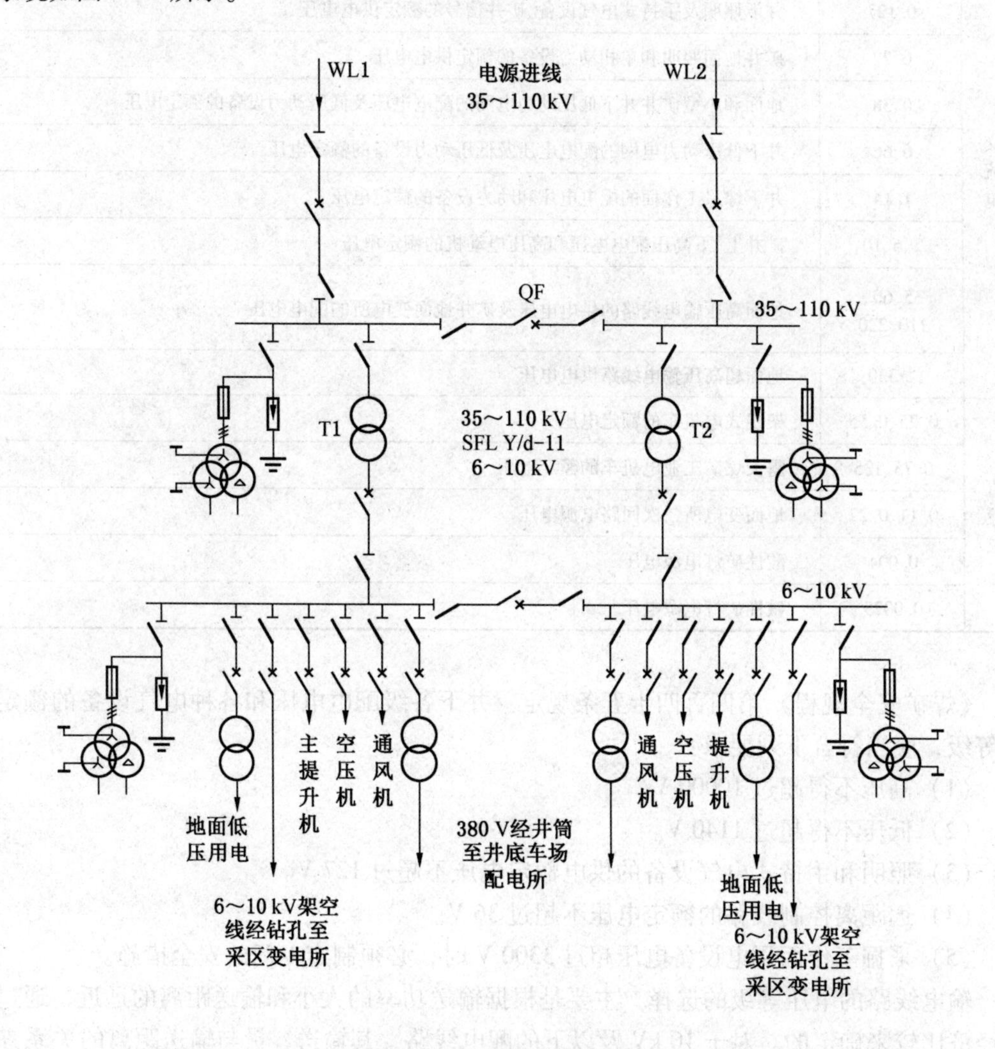

图1-3　浅井供电系统

深井供电系统与浅井供电系统的不同在于浅井井底车场的配电所代替了深井系统中的井下变电所，以及采用钻孔向采区供电的方式。

（四）煤矿供电电压等级及作用

为使煤矿电气设备和线路标准化，同时在安装使用时易于互换。国家有关部门根据煤矿生产条件的特殊性，煤矿井下需要采用一些特定电压等级，制定了煤矿常用电压等级及其用途。煤矿常用电压等级及应用范围参见表1－1。

表1－1 煤矿常用电压等级及应用范围

电压/kV		应用范围
性质	电压等级	
交流电	≤0.036	井下电气设备的控制电源及局部照明的额定电压
	0.127	井下照明及手持式电气设备、矿井信号的额定供电电压
	0.22	矿井地面照明和单相动力设备的额定供电电压
	0.38	地面和小型矿井井下低压动力电网的配电电压及低压动力设备的额定电压
	0.66	井下低压动力电网的配电电压及低压动力设备的额定电压
	1.14	井下综采工作面的配电电压和动力设备的额定电压
	3、6、10	矿井上、下高压配电电压和高压电动机的额定电压
	35、60、110、220	地面高压输电线路的供电电压及矿井地面变电所的配电电压
	≥330	地面超高压输电线路供电电压
直流电	0.25、0.55	架线式电机车的额定电压
	0.75、1.5	露天煤矿工业电机车的额定电压
	0.11、0.22	地面变电所二次回路电源电压
	0.004	酸性矿灯电源电压
	0.0025	碱性矿灯电源电压

《煤矿安全规程》第四百四十五条规定：井下各级配电电压和各种电气设备的额定电压等级，应当符合下列要求：

（1）高压不得超过10000 V。

（2）低压不得超过1140 V。

（3）照明和手持式电气设备的供电额定电压不超过127 V。

（4）远距离控制线路的额定电压不超过36 V。

（5）采掘工作面用电设备电压超过3300 V时，必须制定专门的安全措施。

输电线路的电压等级的选择，主要是根据输送功率的大小和输送距离的远近，通过技术经济比较来确定的。对于10 kV及以下的配电线路，其输送容量与输送距离的关系参见表1－2。

表1-2　10 kV及以下的配电线路的输送容量与输送距离的关系

电压等级/kV	架空线路		电缆线路	
	输送容量/MW	输送距离/km	输送容量/MW	输送距离/km
0.22	<0.06	<0.15	<0.1	<0.2
0.38	<0.1	<0.25	<0.175	<0.35
3	<1.0	1~3	<1.5	<1.8
6	<2.0	5~10	<3.0	<8
10	<3.0	8~15	<5.0	<10

学习活动2　工作前的准备

一、工具器材

典型深井、浅井供电系统图（或模拟图板）范例图各1份。

二、设备

本活动不需要。

学习活动3　现场施工

【学习目标】

（1）掌握煤矿供电系统的分类、要求、应用范围。

（2）掌握煤矿井下供电的要求及电力负荷分类。

（3）掌握供电系统的构成与各部分的用途。

【建议课时】

4课时。

【任务实施】

一、供电系统接线的基本要求及接线方式

（一）供电系统接线的基本要求

煤矿供电系统的接线应保证供电可靠，接线力求简单，操作方便，运行安全灵活，经济合理。

（1）供电可靠性。供电可靠性是指供电系统不间断供电的可靠程度。应根据负荷等级来保证其不同的可靠性，不可片面强调供电可靠性而造成不应有的浪费。在设计时，不考虑双重事故。

（2）操作方便，运行安全灵活。供电系统的接线应便于工作人员操作和检修，便于系统安全可靠运行。为此，应简化接线，减少供电层次和操作程序。

（3）经济合理。接线方式在满足生产要求和保证供电质量的前提下应力求简单，以减少设备投资和运行费用，以及提高供电安全性。提高经济性的有效措施之一就是高压线路尽量深入负荷中。

（4）具有可扩展性。接线方式应保证便于将来发展，同时能满足分期建设的需要。

（二）供电系统的接线方式

按网络接线布置方式可分为放射式、干线式、环式及两端供电式等网络接线系统。按其网络接线运行方式可分为开式网络接线系统和闭式网络接线系统。按对负荷供电可靠性的要求可分为无备用接线系统和有备用接线系统。在有备用接线系统中，其中一回路发生故障时其余回路能保证全部供电称为完全备用系统；如果只能保证对重要负荷供电，则称为不完全备用系统。

1. 无备用系统接线

无备用系统的主要优点是接线简单、运行方便、易于发现故障，缺点是供电可靠性差。所以这种接线主要用于对三级负荷和一部分次要的二级负荷供电。

（1）单回路放射式如图 1－4 所示。

单回路放射式的主要优点是供电线路独立，线路故障不互相影响，易于实现自动化，停电机会少；继电保护简单，且易于整定，保护动作时间短。缺点是电源出线回路较多，设备和投资也多。

（2）直接连接的干线式如图 1－5 所示。

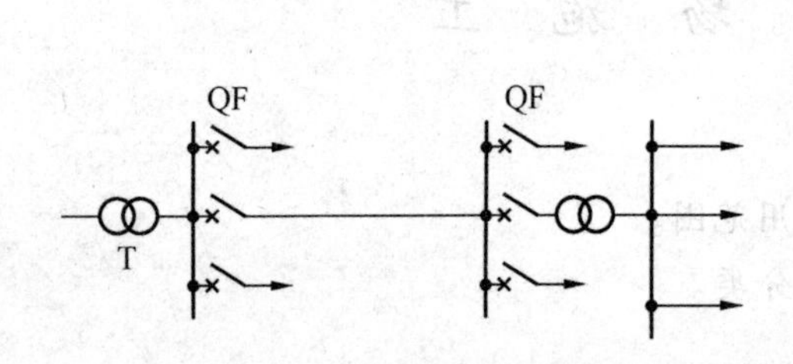

图 1－4　单回路放射式

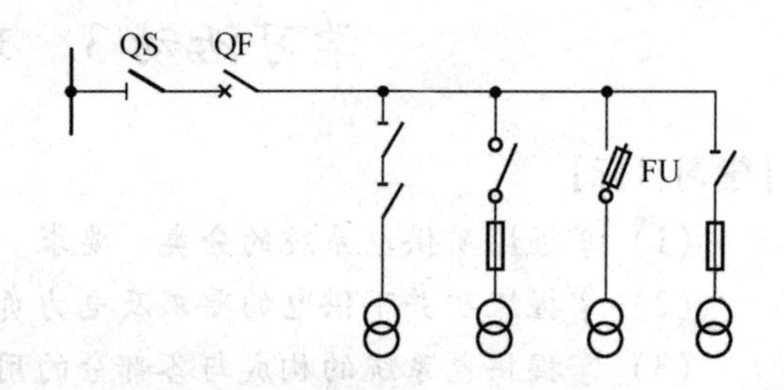

图 1－5　直接连接的干线式

干线式的主要优点是线路总长度较短，造价较低，可节约有色金属；由于最大负荷一般不同时出现，系统中的电压波动和电能损失较小；电源出线回路数少，可节省设备。缺点是前段线路公用，增多了故障停电的可能性。串联型干线式（图 1－6）因干线的进出侧均安装隔离开关，当发生事故时，可在找到故障点后，拉开相应的隔离开关继续供电，从而缩小停电范围；干线式接线为了有选择性地切除线路故障，各段需设断路器和继电保护装置，不仅使投资增加，而且保护整定时间增长，延长了故障的存在时间，增加了电气设备故障

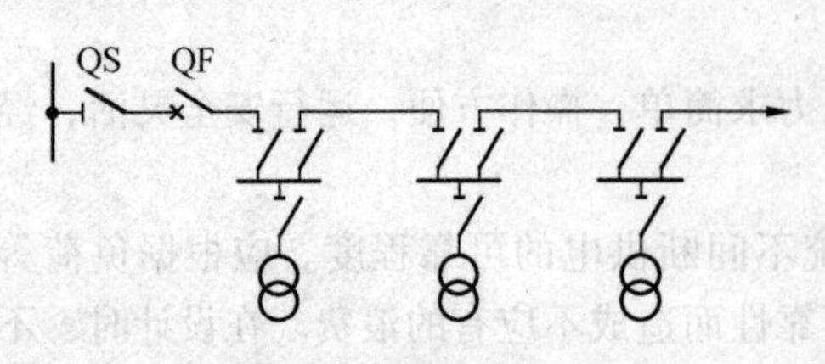

图 1－6　串联型干线式

时的负担。

以上接线方式的优缺点，根据系统具体条件而有所不同。在确定供电系统接线方案时，主要取决于起主导作用的优缺点。

2. 有备用系统接线

有备用系统的接线方式有双回路放射式、环式、双回路干线式等几种。主要优点是供电可靠性高，正常供电时供电电压质量好。但设备投入多，投资大。煤矿供电系统的有备用系统接线一般多采用双回路放射式或环式接线。

1）双回路放射式（图1－7）

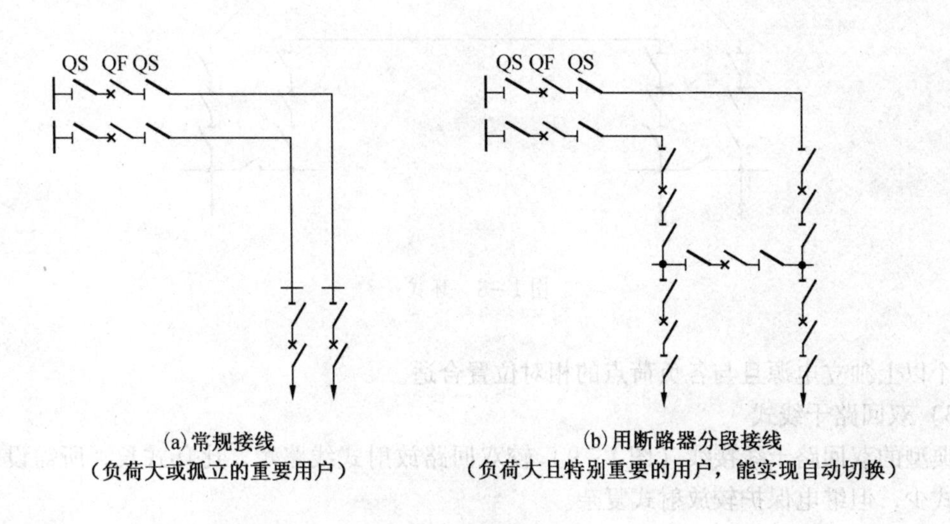

图1－7 双回路放射式

用双回路供电，线路总长度长，电源出线回路数和所用开关设备多，投资大。如果负荷不大，会造成有色金属的浪费。优点是当双回路同时工作时，可减少线路上的功率损失和电压损失。

2）环式（图1－8）

环式接线系统所用设备少，各线路途径不同，不易同时发生故障，故可靠性较高且运行灵活；因负荷由两条线路负担，故负荷波动时电压比较稳定。缺点是故障时线路较长，电压损失大（特别是靠近电源附近段故障）。因环式线路的导线截面应按故障情况下能担负环网全部负荷考虑，所以有色金属消耗量增加，两个负荷大小相差越悬殊，其消耗就越大。故这种系统适于负荷容量相差不大，所处地理位置离电源较远，彼此较近且设备较贵的情况。

环式接线可以开环运行，也可以闭环运行。但闭环运行继电保护较复杂，因此一般采用开环运行方式。开环点选择在什么地方最合理，判断的原则是正常运行时，两路干线所负担的容量尽可能相近，所用导线截面相同，将开环点设在较为重要的负荷处，并在开环断路器上配装自动投入装置。

双端供电式网络和环式具有大致相同的特点，都比较经济，但双端供电式网络必须具

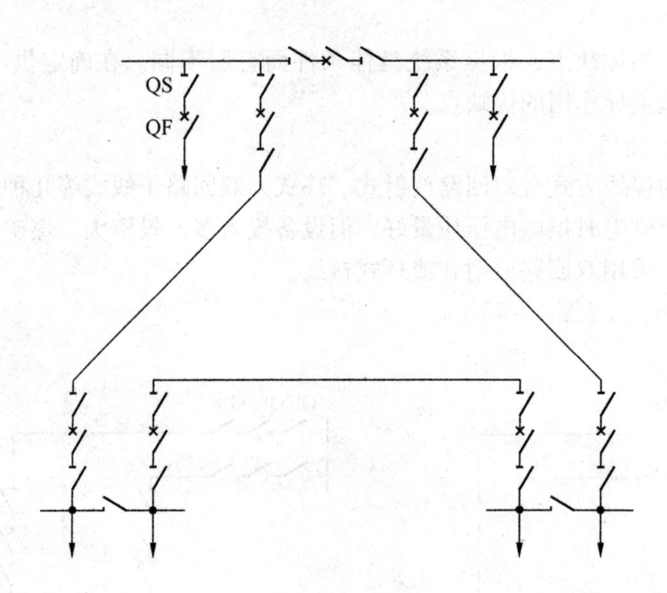

图 1-8 环式

有两个以上独立电源且与各负荷点的相对位置合适。

3）双回路干线式

典型的双回路干线接线（图 1-9）较双回路放射式线路短，比环式长，所需设备较放射式少，但继电保护较放射式复杂。

应该指出，供电系统的接线方式并不是一成不变的，可根据具体情况在基本类型接线的基础上进行改革演变，以期达到技术经济指标最为合理的目标。公共备用干线式接线（图 1-10），即为双回路干线式的演变。

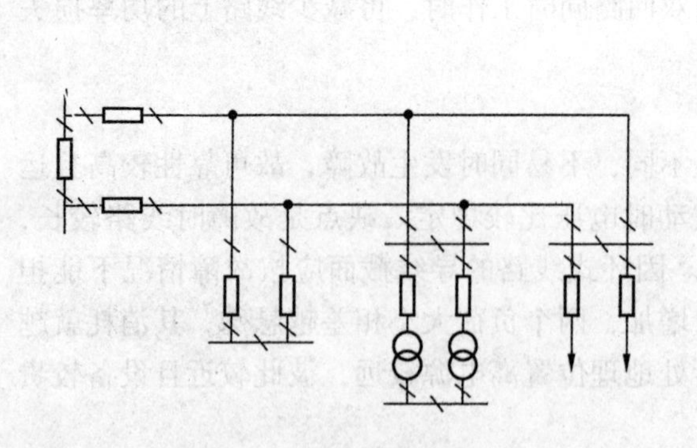

图 1-9 典型双回路干线接线

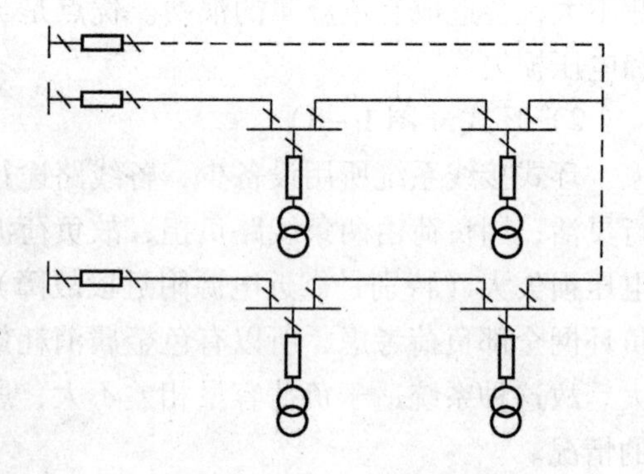

图 1-10 公共备用干线式接线

二、变电所的主接线

变电所主接线包括一次接线、二次母线及配出线的接线。

变电所主接线有多种形式，其方案的确定与电源进线回路、负荷大小和级别、电源的供电距离和主变压器的台数与容量等因素有关。变电所主接线方案的确定，对电气设备的选择、变电所电气设备的布置及变电所运行的可靠性、灵活性、安全性及经济性等均有密切关系。

（一）一次接线

变电所一次接线是指供电线路与主变压器之间的接线。变电所一次接线分为线路变压器组接线、桥式接线和单母线分段式接线等几种。

1. 线路变压器组接线

当变电所只有一路电源进线和一台变压器时，宜采用线路变压器组接线。

这种接线结构简单、电气设备少、投资省，但供电可靠性差，适用于只有三类负荷的中、小企业变电所。若能在变压器低压侧取得备用电源，也可对小容量的二类负荷供电。

线路变压器组根据变压器一次侧使用的开关不同，可有 3 种形式，如图 1－11 所示。

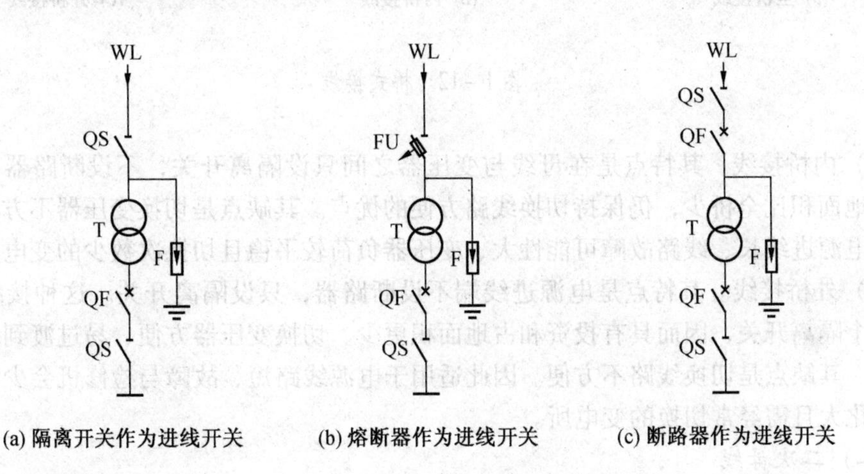

(a) 隔离开关作为进线开关　(b) 熔断器作为进线开关　(c) 断路器作为进线开关

图 1－11　线路变压器组接线

当供电线路不长，线路电源侧保护装置能保护变压器内部和低压侧的短路故障时，可采用隔离开关作为进线开关的主接线方式，此时隔离开关应能切断变压器的空载电流；当系统短路容量较小，熔断器能切除短路故障时，则可采用跌落式熔断器作为进线开关的主接线方式；如果熔断器的断流能力不够，又考虑操作方便时，应采用断路器作为进线开关的主接线方式。

变压器低压侧采用断路器与母线连接。

2. 桥式接线

为了保证供电可靠性，工矿企业总变电所广泛采用有两路电源进线和两台主变压器的桥式接线。根据“桥”的横连位置不同，桥式接线又分为全桥、内桥和外桥 3 种形式，如图 1－12 所示。

（1）全桥接线。其特点是线路侧、变压器侧和母线桥上都装有断路器，故其具有运行灵活、适应性强的优点，不论是切换变压器还是切换线路都可方便地操作，并易发展成分段单母线接线的中间变电所。其缺点是所用设备多，投资大，占地面积大。

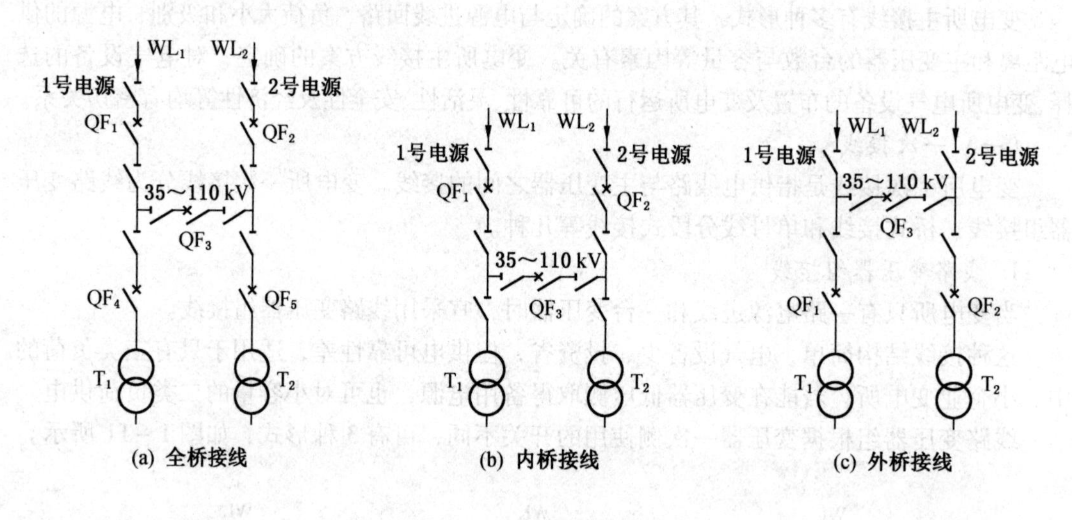

图 1-12 桥式接线

（2）内桥接线。其特点是在母线与变压器之间只设隔离开关，不设断路器，因而投资与占地面积比全桥少，仍保持切换线路方便的优点。其缺点是切换变压器不方便，因此适用于电源进线长、线路故障可能性大、变压器负荷较平稳且切换次数少的变电所。

（3）外桥接线。其特点是电源进线端不设断路器，只设隔离开关。这种接线比内桥还少两个隔离开关，因而具有投资和占地面积更少、切换变压器方便、易过渡到全桥接线的优点。其缺点是切换线路不方便。因此适用于电源线路短、故障与检修机会少、变压器负荷变化大且需经常切换的变电所。

（二）二次母线

变电所的二次母线是指主变压器低压侧所连接的母线，主要有 3 种形式，如图 1-13 所示。

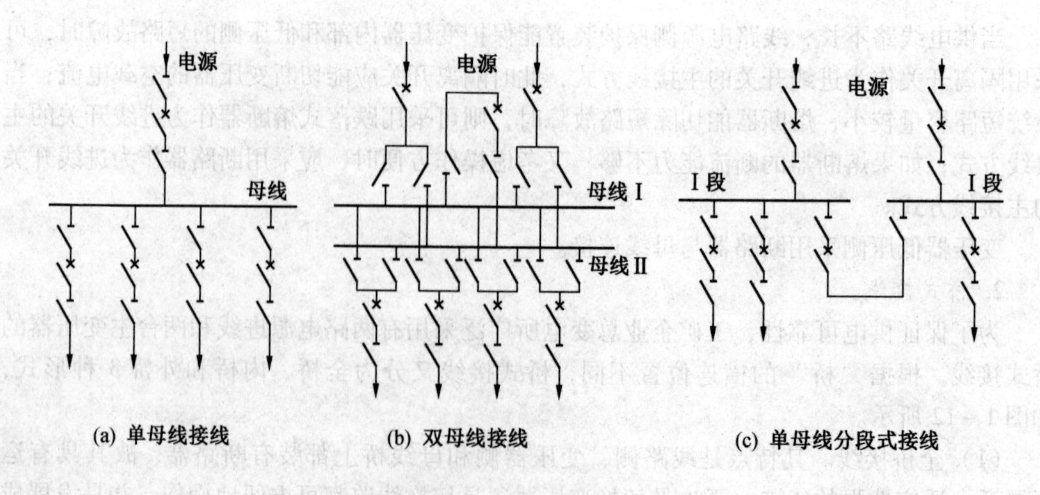

图 1-13 二次母线接线形式

（1）单母线接线。优点是接线简单，所用设备少，投资小。缺点是供电可靠性差，一旦母线出现故障或电源进线开关故障检修时，用户须全部停电。因此，它只适用于容量小、对供电可靠性要求不高的变电所。

（2）双母线接线的变电所每条进出线，通过隔离开关分别接到两条母线上，两条母线之间用联络开关连接，互为备用。其优点是供电可靠、灵活。缺点是所用设备多，投资大，接线复杂，操作安全性差。这种接线多用于对供电可靠性要求高的大容量枢纽变电所。

（3）单母线分段式接线的电源进线分别接于不同的母线段上。对于变电所的重要负荷，其配出线必须分别接在两段母线上，构成平行双回路或环形供电方式，以防母线故障中断供电。对只有一回电源线路的其他负荷，分散接在两段母线上，并尽量使两段母线负荷分配均匀。这种接线的优点是能保证重要负荷的供电可靠性，与双母线相比所用设备少、经济，系统接线简单，操作安全。适用于出线回路不太多、母线故障可能性较少的变电所。煤矿地面变电所多采用这种接线方式。

当母线出线回路较多时，应采用断路器作为母线联络开关，这样操作方便，运行灵活；当母线出线回路较少时，用隔离开关作母线联络开关较为经济。

（三）配出线的接线

配出线是指变电所二次母线上引出的6(10)kV高压配电线路。下面只介绍配出线上所用开关种类的确定及其配置情况。

1. 配电开关的种类

对容量较小、不重要的负荷，为了节省投资，可采用负荷开关配合熔断器进行控制和保护；对于容量较大或重要的负荷应采用断路器。

2. 隔离开关的布置

为了保证检修线路和断路器时的人身安全，在断路器的电源侧必须装设隔离开关（图1－14a）。具有双电源的重要负荷，为了防止检修时发生反送电，在断路器的两侧都需装设隔离开关（图1－14b）。

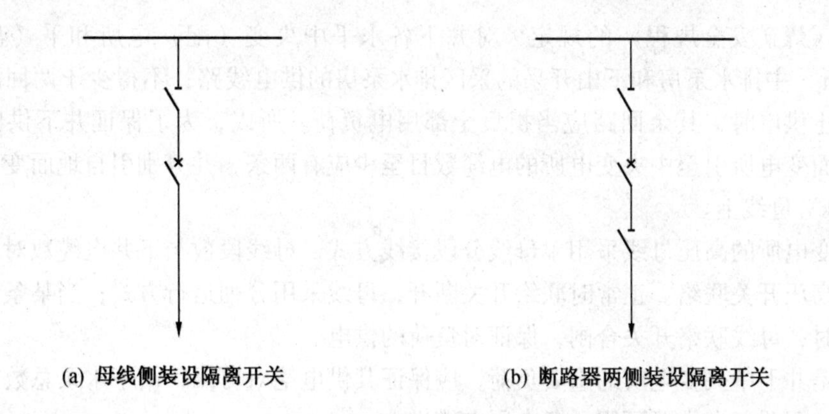

图1－14　配出线接线形式

在停、送电操作时，必须严格按照顺序操作，即断路器与隔离开关之间：送电时，先合隔离开关，后合断路器；停电时，先断开断路器，后断开隔离开关。否则，会出现弧光短路。两个隔离开关之间：送电时，先合母线侧隔离开关，后合线路侧隔离开关；停电时，先断开线路侧隔离开关，后断开母线侧隔离开关，以防止在隔离开关与断路器之间发生误操作时，人为扩大事故范围。

三、井下中央变电所的接线

井下中央变电所是井下供电的枢纽，它担负着向井下供电的重要任务。井下中央变电所如图 1 – 15 所示。

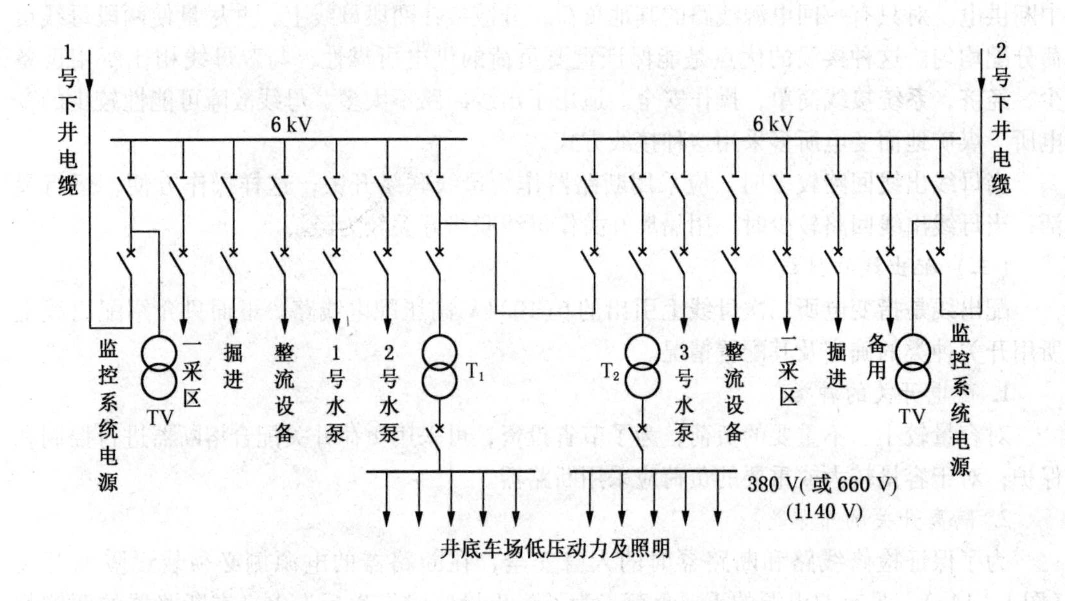

图 1 – 15　井下中央变电所

根据《煤矿安全规程》的规定，对井下各水平中央变（配）电所和采（盘）区变（配）电所、主排水泵房和下山开采的采区排水泵房的供电线路，不得少于两回路。当任一回路停止供电时，其余回路应当担负全部用电负荷。所以，为了保证井下供电的可靠性，由地面变电所引至中央变电所的电缆数目至少应有两条，并分别引自地面变电所的两段 6(10) kV 母线上。

中央变电所的高压母线采用单母线分段接线方式，母线段数与下井电缆数对应，各段母线通过高压开关联络。正常时联络开关断开，母线采用分列运行方式；当某条电缆故障退出运行时，母线联络开关合闸，保证对负荷的供电。

水泵是井下中央变电所的重要负荷，应保证其供电绝对可靠，由于水泵总数中已包括备用水泵，因此每台水泵可用一条专用电缆供电。

水泵、采区用电、向电机车供电的硅整流装置的整流变压器、低压动力及照明用的配电变压器应分散接在各段母线上，防止由于母线故障影响供电可靠性和造成大范围停电，影响安全和生产。

当水泵为低压负荷时，配电变压器最少应有两台，每台变压器的容量均应满足最大涌水量时的供电要求。

四、采区变电所的接线

采区变电所的主接线应根据电源进线回路数、负荷大小、变压器台数等因数确定。

对单电源进线的采区变电所，如变压器不超过两台且无高压配出线，可不设电源进线开关；有高压配出线，为了操作方便，应设电源进线开关，如图 1－16 所示。

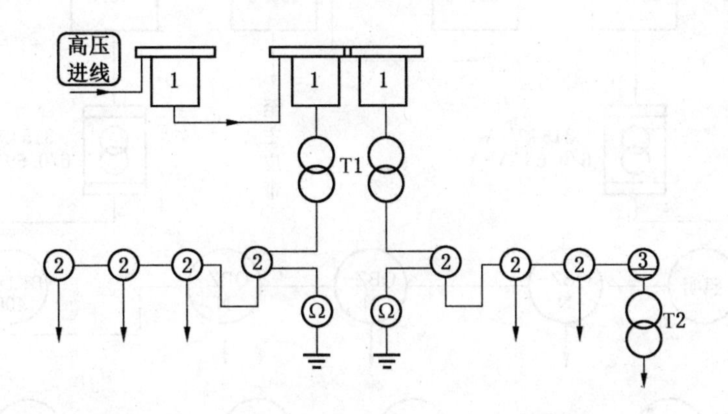

1—高压配电箱；2—低压馈电开关；3—综合保护器；T1—主变压器；T2—照明变压器；Ω—检漏继电器

图 1－16　单电源进线、两台变压器供电的主接线

变电所每台动力变压器都应装有一台高压配电箱进行控制和保护。

变压器采用分列运行，每台变压器的低压侧各装有一台总馈电开关，各变压器形成独立的供电系统。

每台变压器的低压侧都装有一台检漏继电器，它与变压器低压侧总馈电开关配合起漏电保护作用。当总馈电开关内有漏电保护时不再装设检漏继电器。

对双电源进线的采区变电所，采用单母线接线时，电源线路应一条线路工作、一条线路备用；采用单母线分段接线时，两回电源应同时工作，但母线联络开关应断开，使两回电源线路分列运行（图 1－17）。双电源进线适用于有综采工作面或下山采区有排水泵的采区变电所。

五、涉及煤矿供电系统图规范的部分说明

1. 系统图图例要求

（1）地面变电所供电系统按开关柜主接线方案绘制。

（2）井上设备、设施图形符号执行《电气简图用图形符号　第 1 部分：一般要求》（GB/T 4728.1—2018）。

（3）井下设备、设施图形符号执行《煤矿电气图专用图形符号》（MT/T 570—1996）。

上述标准未涵盖的新设备、设施可自行设定图例，但必须在图中增设图例栏标出并

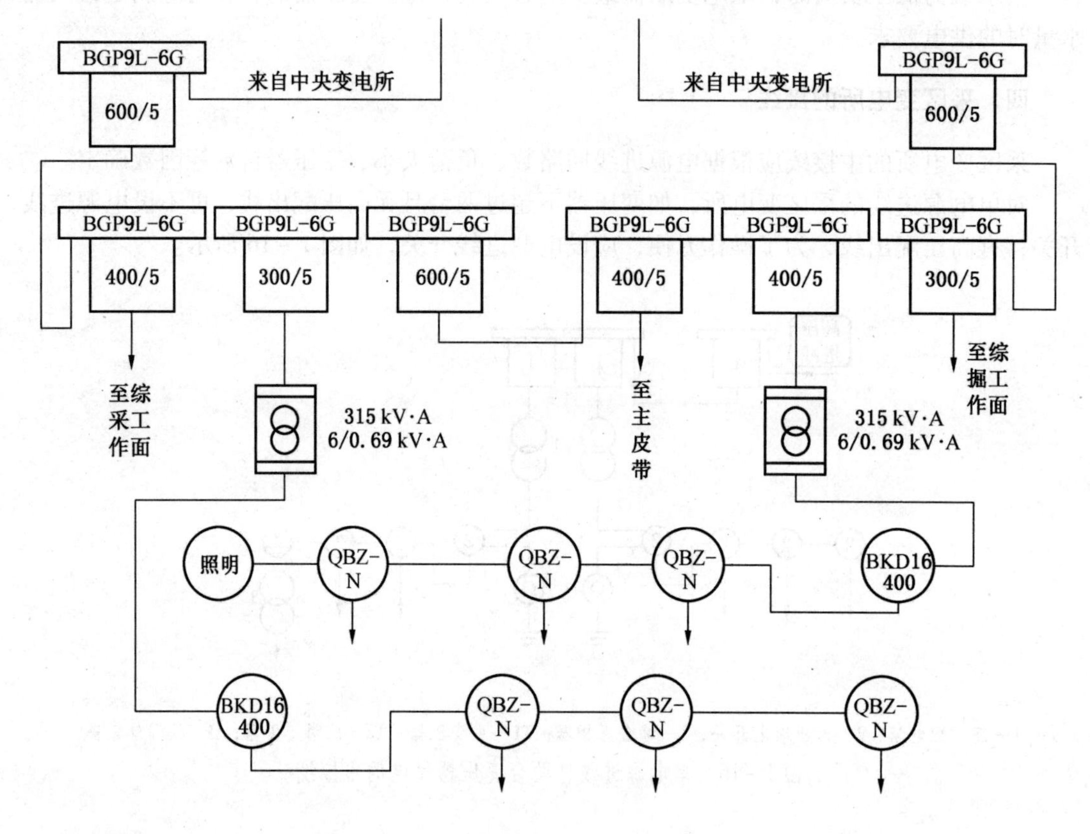

图1-17 双电源接线、单母分段供电的主接线

说明。

2. 总体要求

(1) 供电系统图设备、设施成排平行布置，表示电缆的连线水平或垂直布置，连线采用单线段表示。

(2) 同一区域内不同电压等级的、不同用途类型的设备应分排布置。

(3) 同一变电所或变配电点的电气设备要用矩形点划线线框框起，并标注变电所名称。

3. 常用供电一次设备、井下设备图形符号

常用供电设备图形符号见表1-3。

表1-3 常用供电设备图形符号

序号	图形符号	设备名称	序号	图形符号	设备名称
1		隔离开关	2		矿用防爆变压器

表1-3（续）

序号	图形符号	设备名称	序号	图形符号	设备名称
3		电抗器	8		移动变电站
4		变压器	9	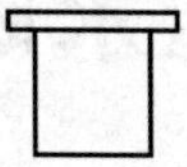	高压配电装置
5		电压互感器	10		馈电开关
6		避雷器	11	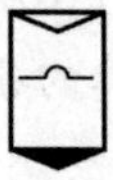	磁力起动器
7		断路器	12		熔断器

学习任务二　矿用隔爆兼本质安全型高压永磁机构真空配电装置

【学习目标】

(1) 掌握 PJG－□/10(6)Y 型高压配电装置结构特点和工作原理。

(2) 能正确操作 PJG－□/10(6)Y 型高压配电装置。

(3) 能够完成 PJG－□/10(6)Y 型高压配电装置主回路接线。

(4) 能够完成简单故障的排除及维修。

【建议课时】

8 课时。

【工作情景描述】

矿用隔爆高压真空配电装置常用于煤矿井下高压电气设备的停送电控制及故障保护，也可用于综采工作面全部电气设备的高压侧总开关，因此必须熟悉其结构、工作原理、主回路接线，能够对其进行正确地安装、调试，并掌握操作时的注意事项，出现故障能够及时排除。

学习活动 1　明确工作任务

【学习目标】

(1) 了解高压真空配电装置的型号含义及用途。

(2) 熟悉高压真空配电装置的结构及连锁装置。

(3) 掌握高压真空配电装置的工作原理。

【建议课时】

4 课时。

一、明确工作任务

由于检修、故障等原因，需要对井下高压电气设备及综采工作面电气设备进行操作与维护。正确操作、维护高压真空配电装置是电工必须掌握的技能。

二、相关理论知识

(一) 型号含义及用途

1. 型号含义

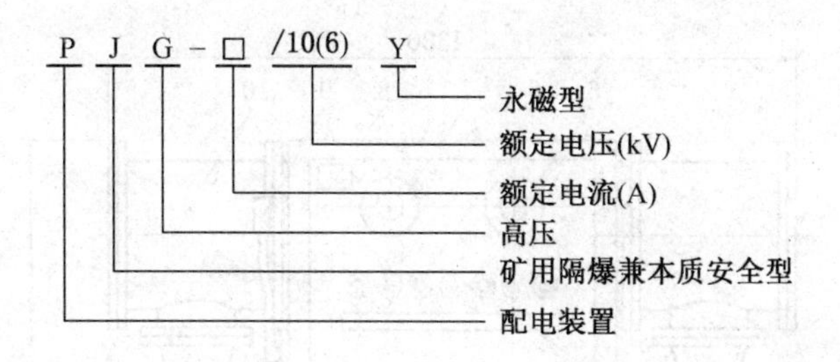

2. 用途

PJG－□/10(6)Y 矿用隔爆兼本质安全型高压（永磁）真空配电装置（以下简称配电装置）主要用于具有煤尘和爆炸性气体的煤矿井下，对额定电压 10(6)kV、额定频率 50 Hz 的供电系统进行控制和保护，并可作为不频繁直接启动电机之用。

（二）组成、结构及特点

1. 组成

PJG－□/10(6)Y 矿用隔爆兼本质安全型真空配电装置总体结构如图 2－1 所示，壳体为一长方形箱体，箱体中间有一隔板，将箱体分为前后两腔，在前腔装有机芯小车，真空断路器、三相电压互感器、母线式电流互感器、压敏电阻、熔断器、智能测控单元、隔离插销动触头等均装在机芯小车上。在箱体内装有导轨、托架、操作机构、接地导杆装置，箱体右外侧还装有断路器、隔离插销和门之间的闭锁装置，在箱体中间隔板上装有 6 个隔离插销静触头座和 2 个穿墙式 9 芯接线柱。在引入电缆的端口装有零序电流互感器，后腔底板上还装有控制线出线嘴，用户可引出控制线，实现远方控制。

箱门采用了双把手快开门结构，由上下弧钩、左右弯钩、上下座板、门轴销、销轴、偏心轮操纵把手等主要零件构成。左右两边同时设置偏心轮把手，使开门提起时不仅动作迅速，而且十分省力。熟练掌握两个把手的运用后，开关箱门显得比同类其他开门结构方式更方便、轻巧、可靠。

箱门控制面板上装有中文液晶显示窗、运行状态显示窗、行程开关、电流源、按钮以及煤安标志、防爆标牌和铭牌等。

2. 安全连锁装置

隔离插销、断路器和箱门间相互闭锁，其装置如图 2－2 所示。

（1）隔离插销处于合闸位时，连锁杆 6 锥形头伸入锁杆轮套 9 的锥形缺口，锁杆轮套 4 解锁，断路器方能进行合闸操作。同时，门闭锁杆 1 不能向右移动，使箱门闭锁不能打开。

（2）隔离插销处于断开位置，门闭锁杆 1 插入锁杆轮套 9 的方槽内，此时箱门能打开，连锁杆 6 也限制锁杆轮套 9，致使断路器不能合闸。

3. 结构特点

本配电装置采用了双提手快开门式结构，开门轻松快捷。前腔内用插销式隔离开关，布局合理。整个机芯装在小车上，借助于辅助导轨，不需拆线，不需拆卸任何零件，即可将小车从箱体中拉出，使检修方便、安全。

（三）永磁机构的优点、结构和工作原理

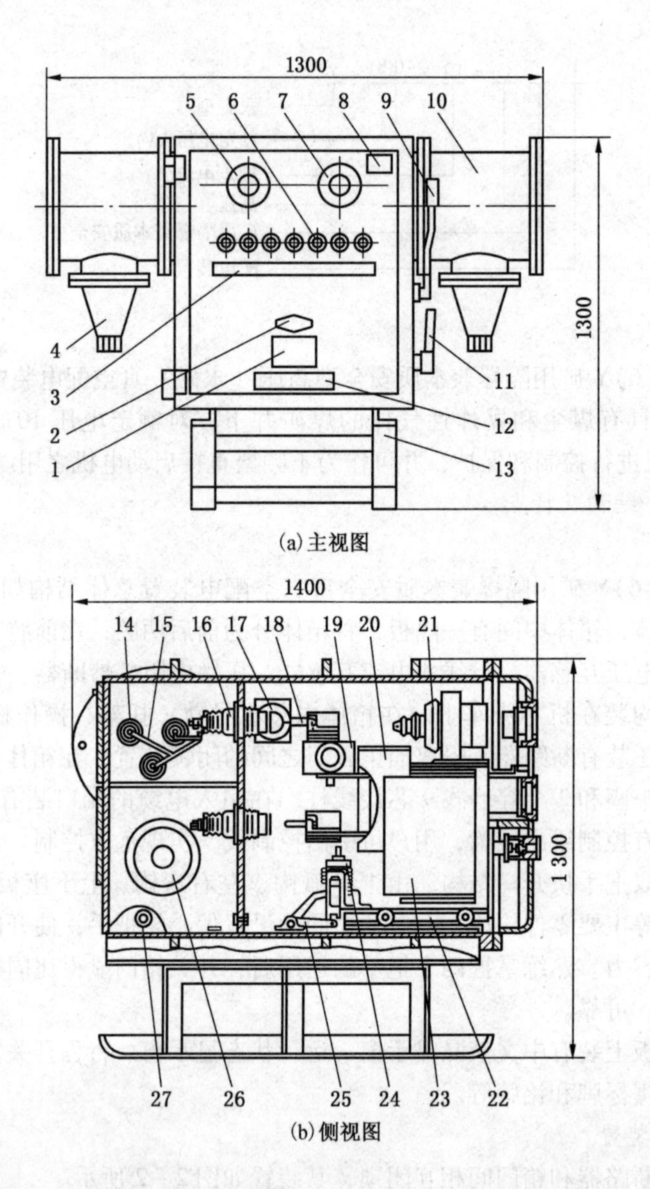

1—铭牌；2—MA 标志；3—按钮标牌；4—进线装置；5—液晶显示窗；6—按钮；7—状态显示窗；8—厂标；9—断路器合闸手柄；10—接线筒；11—隔离开关手柄；12—防爆标志；13—底座；14—绝缘座；15—贯穿母线；16—静触头座；17—隔离插销观察窗；18—动触头；19—电流互感器；20—断路器；21—电压互感器；22—机芯小车；23—智能测控单元；24—压敏电阻；25—隔离操作机构；26—零序电流互感器；27—控制线出线嘴

图 2-1 PJG-□/10(6)Y 配电装置总体结构图

1. 永磁机构的优点

永磁机构省去了传统机构易损的储能、锁扣等机械装置，其零部件数量较传统机构减少 80% 以上，从而大大提高了机构的可靠性和寿命。同时由于采用大容量电容作为操作电源，也避免了传统机构对大容量专用电源的依赖以及辅助电源波动对机构动作特性的

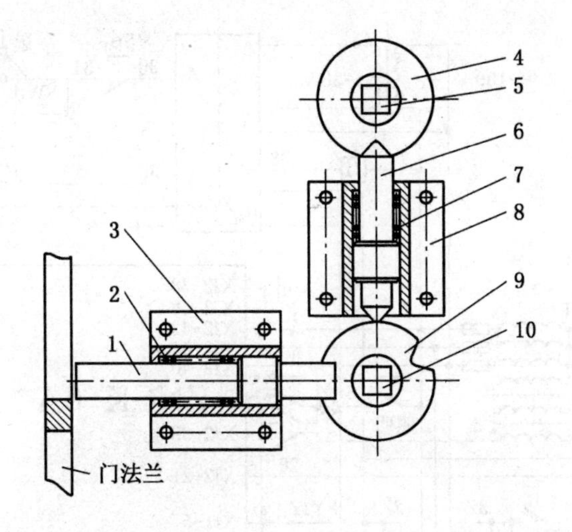

1—门闭锁杆；2—弹簧；3—连锁支座；4—锁杆轮套；5—断路器传动轴；6—连锁杆；
7—弹簧；8—连锁支座；9—锁杆轮套；10—隔离传动轴

图 2-2　隔离插销、断路器与箱门之间的连锁机构

影响。

性能卓越的永磁机构可长期频繁操作，寿命长达十万次并真正做到了少维修、免维护。

2. 永磁机构的结构

永磁机构主要由永磁体（包括外壳、永磁铁、合闸线圈、分闸线圈、传动轴等）、微电脑控制器、储能电容器、真空管及框架组成。

3. 永磁机构的工作原理（弹簧储能型断路器）

接通控制电源（AC100 V），此时电容储能指示灯亮，开始充电（约 3 s），当储能指示灯熄灭后，断路器可以进行合分闸操作。

按下合闸按钮，合闸线圈通电，产生的电磁场大于保持分闸状态的永久磁场，会驱动衔铁向下运动（同时带动传动轴和传动拐臂，使真空管动触头向上运动），当和下轭铁接触后（即合闸到位），位置传感器给出信号，控制器会自动切断线圈的电源，此时永久磁场会使机构保持在合闸状态。

反之，按下分闸按钮，分闸线圈通电，产生的电磁场大于保持合闸状态的永久磁场，会驱动衔铁向上运动（同时带动传动轴和传动拐臂，使真空管触头向下运动），当和上轭铁接触后（即分闸到位），位置传感器给出信号，控制器会自动切断线圈的电源，此时永久磁场会使机构保持在分闸状态。

（四）电气工作原理

1. 配电装置采用弹簧储能机构断路器

图 2-3 为 PJG9L-630 系列/10(6) 矿用隔爆兼本安型高压配电装置电气原理图（弹簧）。

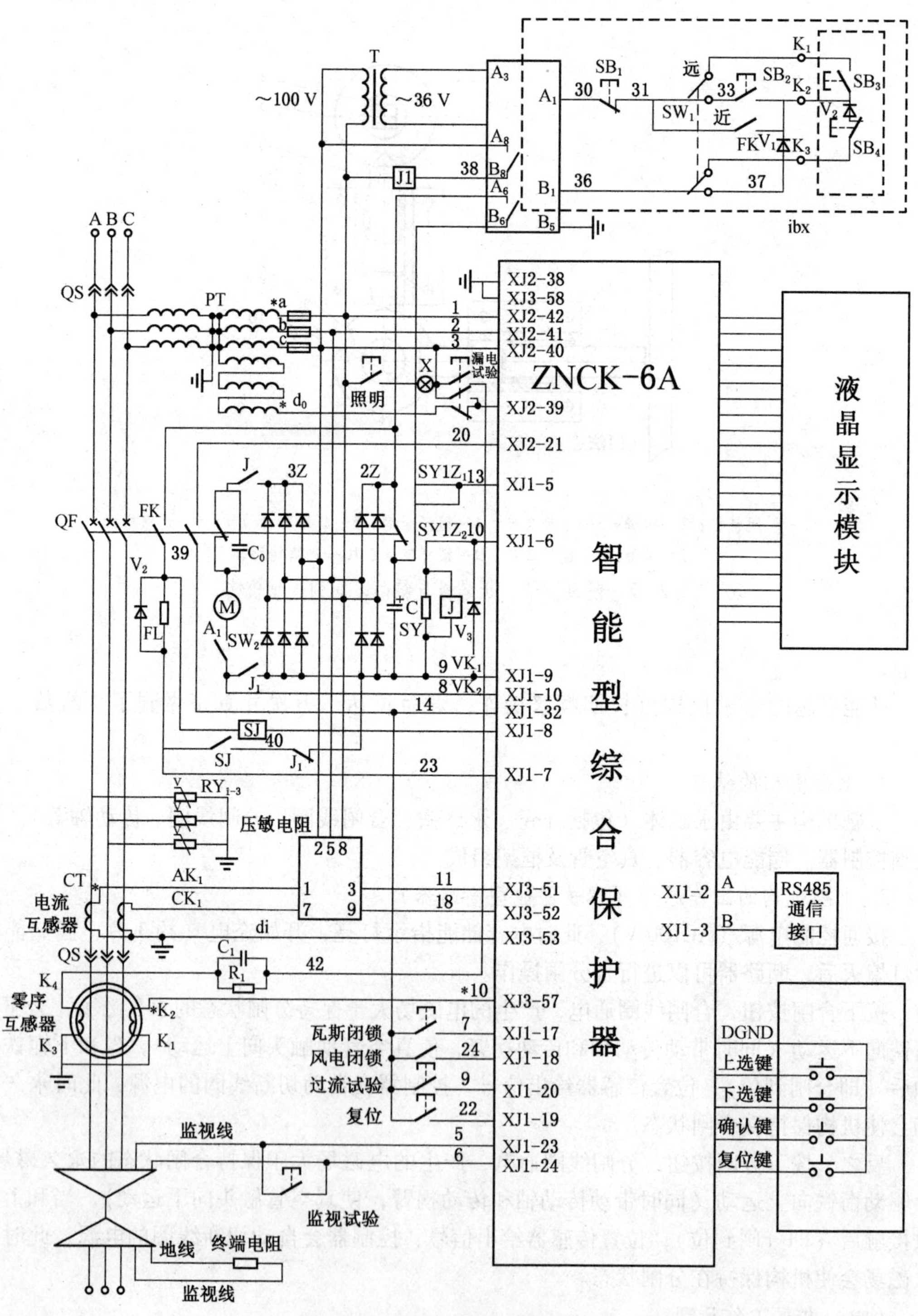

SB_1—电动分闸；SB_2—电动合闸；SB_3—远启按钮；SB_4—远停按钮；SW_1—扭子开关；SW_2—连锁开关；2Z—单相整流桥；3Z—三相整流桥；SY—失压线圈；FL—分励线圈；X—照明灯；PT—电压互感器；FK—辅助控点；M—合闸电机；T—变压器；ibk—本安控制继电器（防爆合格证号 2024081）

图 2-3　PJG9L-630 系列/10(6)矿用隔爆兼本安型高压配电装置电气原理图(弹簧)

1）电动、手动合闸电路

配电装置在合上隔离开关 QS 后，电压互感器 PT 二次出三相 AC 100 V，经两相整流桥整流后，经正极过常闭辅助触点、保护器、失压线圈 SY 到负极，使失压线圈 SY 得电吸合；同时三相交流 100 V 经 3Z 三相整流输出直流 130 V，经连锁开关 SW_2 并经断路器常闭接点、中间继电器触点 J 和本安继电器常开点（A8、B8）加到直流电机 M 上；扭子开关 SW_1 拨到近控时，按下合闸按钮 SB_2，本安继电器 ibk 常开点（A8、B8）闭合，断路器通过储能弹簧完成合闸动作（时间约 3 s）合闸后断路器常闭点打开，切断合闸电源；同时本安继电器常开点（A6、B6）闭合、辅助常闭打开使失压线圈 SY 继续维持吸合状态；并且辅助常开闭合使本安回路自保完成合闸。

配电装置在合上隔离开关后，电压互感器二次出三相 AC 100 V 经两相整流桥整流后，经正极过辅助常闭、保护器、失压线圈 SY 到负极，使失压线圈 SY 得电吸合；用外力旋动合闸手柄，使断路器储能合闸。

当扭子开关 SW_1 拨到远控时，远控合闸与近控合闸相同。

2）手动、电分闸电路

分闸电路是用 SB_1 按钮断开本安自保回路，使本安继电器常开点（A6、B6）断开，使失压线圈 SY 断电释放，断路器跳闸。远控分闸与近控分闸相同。

用外力转动分闸手柄使断路器分闸。

3）保护动作分闸电路

当出现过载、短路、接地（漏电）、过压、欠压、绝缘监视、风电闭锁、甲烷电闭锁任一故障时，保护器故障继电器出口（XJ1－7，XJ1－8）闭合。100 V 经整流后直流正极经辅助接点加至分励脱扣线圈 FL，保护器（XJ1－7，XJ1－8）闭合，分励脱扣线圈 FL 动作，同时切断经单相整流桥 2Z 的失压脱扣线圈 SY 的电源，使断路器跳闸。

2. 配电装置采用永磁机构断路器

图 2－4 为 PJG9L－630 系列/10（6）Y 矿用隔爆兼本安型高压配电装置电气原理图（永磁）。

1）合闸电路

按合闸按钮 SB_2，经连锁开关 SW_2 本安部分接通，使本安继电器常开点（A6、B6）接通；接通断路器合闸电路，断路器通过储能电容完成合闸动作。合闸后断路器常闭点打开，切断合闸电源。常开点闭合接通为分闸作准备。远方合闸与近控合闸相同。

手动合闸：用合闸手柄使合闸轴顺时针旋转，完成一个合闸过程，合闸后用手柄复位，否则就会影响分闸。

注意：手动合闸后必须复位，即手动合闸后反向旋转手柄，使手柄回复到合闸前的起始位置。

2）分闸电路

分闸电路是用 SB_1 或远控时 SB_4 按钮断开本安自保电路，本安继电器的常闭触点（A7、A8）接通分闸回路，断路器通过储能电容完成分闸动作，使断路器跳闸。

手动分闸：顺时针旋转手分手柄，完成手动分闸。

3）保护动作分闸电路

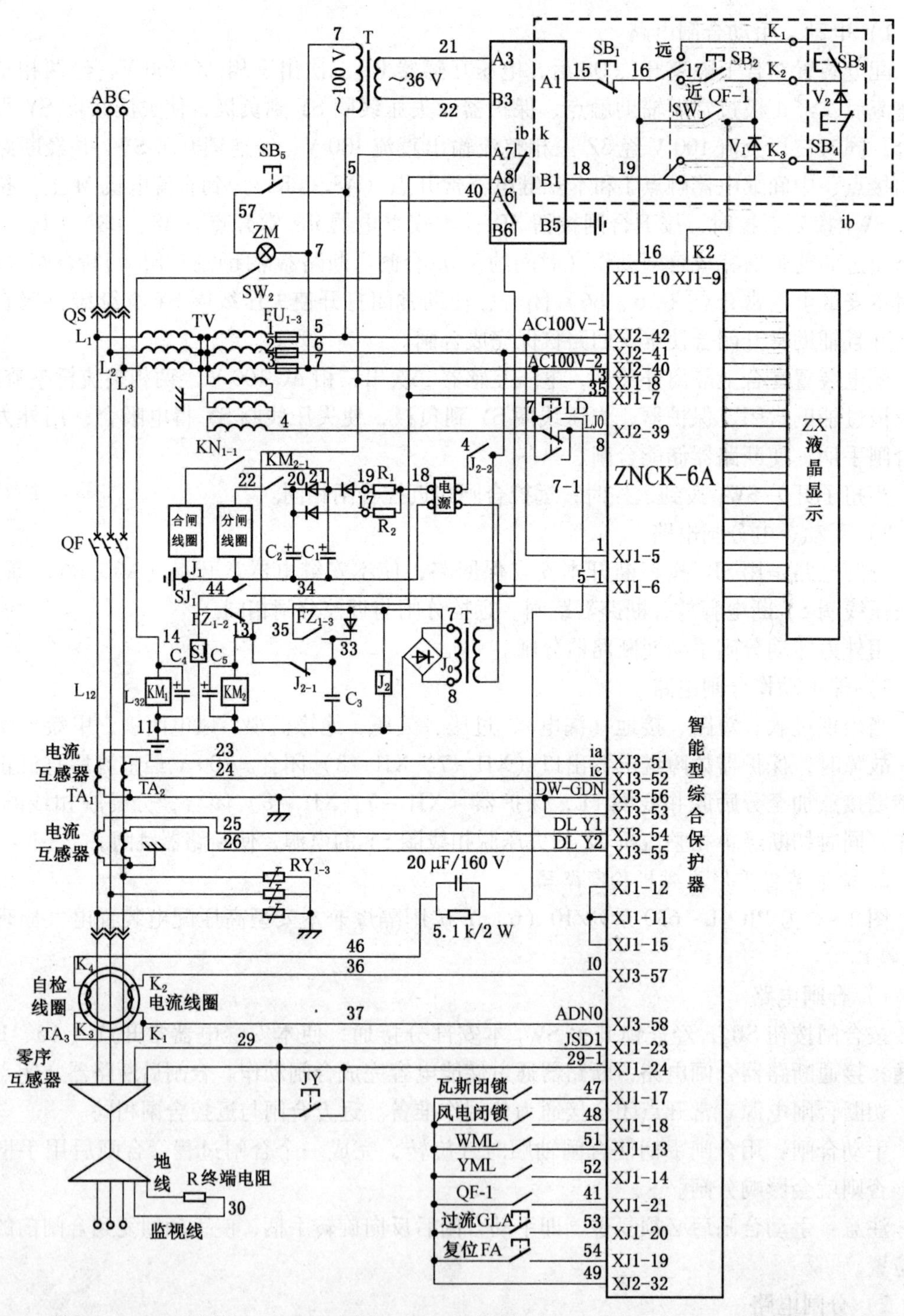

SB_1—近停按钮；SB_2—近启按钮；SB_3—远启按钮；SB_4—远停按钮；SB_5—照明开关；JY—绝缘试验；SW_1—近远控开关；SW_2—连锁开关；GLA—过流试验；SJ—合闸继电器；QF—永磁断路器；LD—漏电试验；FA—复位；TV—电压互感器；RY_{1-3}—压敏电阻；ZM—照明灯；QS—隔离插销；TA_{1-2}—电流互感器；TA_3—零序电流互感器；FU_{1-3}熔断器；ibk—本质安全型控制继电器（防爆合格证号：2024081）；T—控制变压器

图 2-4　PJG9L-630 系列/10（6）Y 矿用隔爆兼本安型高压配电装置电气原理图（永磁）

过载、短路、接地（漏电）、过压、欠压、绝缘监视、风电闭锁、甲烷电闭锁任一故障保护动作，智能测控单元故障继电器接通使断路器跳闸。

（五）主要的电气元件

配电装置的主要电气元件包括：矿用高压真空断路器、ZNCK－6A型智能保护测控单元、高压隔离插销、电压互感器、电流互感器、高压氧化锌压敏电阻器。

1. 高压真空断路器

本配电装置选用ZN□－10（6）/630～12.5矿用高压真空断路器。在装机前，对它的主要技术参数、机械特性、分励脱扣器、欠压脱扣器的工作特性都已进行了详细的检测，现场无须再进行检测和调整。

2. ZNCK－6A型智能保护测控单元

本单元具有过载、短路、接地（漏电）、绝缘监视、风电闭锁、甲烷电闭锁、过压、欠压等保护功能，中文液晶显示，菜单操作方式。

智能保护测控单元带有RS485标准通信接口与CAN接口，通信介质可采用通信电缆线。

ZNCK－6A型智能保护测控单元技术参数如下：

1）三段式相间电流保护

在保护“跳闸”压板投入，任一相保护电流大于整定值时，保护动作。

速断、限时速断为本线路的主保护，定时过流保护为本线路的近后备保护和下一条线路的远后备保护。三段电流保护的定值、时间和压板都是独立设定的。

2）过载保护

部分负载，如电动机的不正常工作状态主要是过负荷运行。考虑到一般电动机都有一定的过载能力，通过的过载电流越小，允许的时间越长，电动机过载电流与允许工作时间为反时限特性，故本装置设有反时限过流保护。反时限电流保护“跳闸”压板投入，则保护延时跳闸；保护“告警”压板投入，则保护延时告警。

如需要电动机有一定的过载能力，可把保护电流定值适当设高，如1.05倍的额定电流，根据通入电流大小不同，相应的动作时间不同，电流越大，动作时间越短。

3）接地保护

适用于中性点不接地和经消弧线圈接地两种供电系统，可根据电网中性点接地方式进行整定。

接地保护为选择性保护，接地电流整定值0.1～40 A可调；零序电压整定值1～120 V可调；接地延时动作时间0.1～1.5 s可调，误差小于±5%。

4）绝缘监视保护

当监视线与地线之间绝缘电阻$R_d>5.5$ kΩ时，可靠不动作；$R_d<3$ kΩ时可靠动作。当监视线与地线之间回路电阻$R_k<0.8$ kΩ时；可靠不动作；$R_k>1.5$ kΩ时可靠动作。绝缘监视保护动作时间可调。

绝缘监视保护可以整定选择“投入”或“退出”。

5）过压保护

当任一线电压大于过电压整定值U时，如果过电压保护“跳闸”压板投入则保护经

延时 T 后跳闸；保护“告警”压板投入则保护经延时 T 后告警。

6）欠压保护

在断路器合闸状态时，当三个线电压 U_{ab}、U_{bc}、U_{ca} 同时低于低电压整定值 U，此时如果低电压保护“跳闸”投入，则保护经延时 T 后跳闸；“告警”投入，则保护经延时 T 后告警。为了防止 PT 断线造成低电压误动，欠压保护增加了 PT 断线时闭锁低电压功能。

3. 高压隔离插销

本配电装置有两组高压隔离插销：一组安装在电源侧；另一组安装在负荷侧。两组隔离插销是同时插入或分离的。为了使隔离插销有良好的电接触，使其分、合灵活，工作可靠，要对隔离插销插头和插座进行调整，达到如下要求：

（1）插头和隔离插座的同轴度误差不超过 1 mm。

（2）插头和隔离插座触桥，触桥和导电杆两处接触电阻值之和控制在 120 μΩ 以内。

（3）隔离插销插入到位后，插头在触桥中的插入深度不得小于 20 mm。

注意：由于隔离插销无灭弧装置，分闸速度和合闸速度依靠人工操作，所以隔离插销严禁带负荷操作。

4. 电压互感器

本配电装置配用的 JSZW3 -6(10) 型电压互感器，其技术参数见表 2-1。

表 2-1　JSZW3 -6(10)型电压互感器技术参数

额定电压		额定容量及相应准确级	最大容量
一次	二次	90 V · A	300 V · A
6(10) kV	100 V	0.5 级	

5. 电流互感器

本配电装置配用的 LMZ -6(10) 型电流互感器为母线式双绕组电流互感器，二次分为信号源和电流源两绕组，其技术参数见表 2-2。

表 2-2　LMZ -6(10) 型电流互感器技术参数

额定一次电流/A	额定二次电流/A	额定负荷/(V · A)	准确级	准确限值系数
50	5	3.75	3	5P
100、200、300、400、500、630	5	3.75	3	10P

6. 高压氧化锌压敏电阻器

本配电装置选用 MYGK -6/5 型高压氧化锌压敏电阻器。

1）压敏电阻器的作用

压敏电阻器的最大特点是当加在它上面的电压低于它的阈值额定电压时，流过它的电流极小，相当于阀门关死；当电压超过额定电压时，流过它的电流激增，相当于阀门打开。利用这一功能，可以抑制电路中经常出现的异常过电压，保护电路免受过电压的损害。

2）使用注意事项

（1）压敏电阻器在投入运行前和运行一年后，应进行一次预防性试验。

（2）压敏电阻器不允许做工频放电电压试验，配电装置在进行工频耐压试验时，应将压敏电阻器与主回路断开。

学习活动2　工作前的准备

一、工具、仪表

2500 V兆欧表1块，万用表1块，套筒扳手1套，电工工具1套，活络扳手1个（30 mm），十字旋具1个（20 mm），小旋具（一字、十字）1套，斜嘴钳1个，本设备专用工具、高压真空断路器专用工具1套，三相调压器1台（1 kV·A）。

二、设备

PJG－□/10(6)Y矿用隔爆型高压真空配电装置。

三、材料与资料

绝缘胶布2盘，电缆（高压橡套屏蔽）50 m，胶质线1盘，1.5 V小灯泡3个，劳保用品、工作服、绝缘鞋若干，PJG－□/10(6)Y矿用隔爆型高压真空配电装置产品说明书。

学习活动3　现场施工

【学习目标】

（1）能正确操作PJG－□/10(6)Y型高压配电装置。

（2）能够完成PJG－□/10(6)Y型高压配电装置主回路接线。

（3）掌握本配电装置的调试、安装及操作注意事项。

（4）能够完成简单故障的排除及维修。

【建议课时】

4课时。

【任务实施】

一、配电装置主回路接线方案

按使用方式不同，配电装置有3种型式，如图2－5所示。

（1）a型：有两个电源进线端，一个负荷出线端。

（2）b型：有一个电源进线端，另一端为封闭盒，有一个负荷出线端。

（3）c型：仅适于联台使用，本身不进线，电源母线由联台进入，有负荷出线。

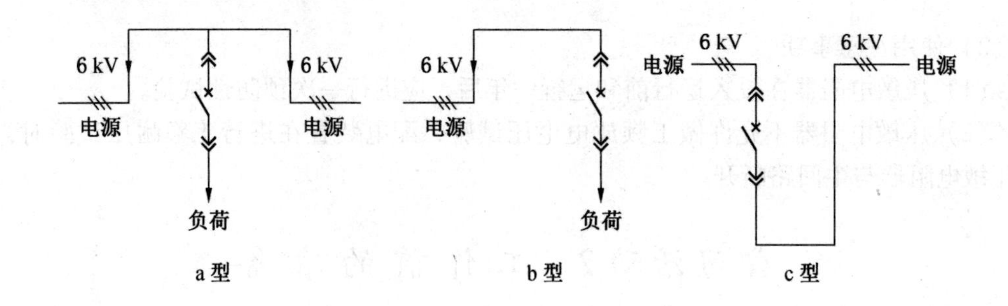

图2-5 主回路接线方案

二、调试、安装、操作及使用注意事项

1. 下井安装前配电装置电气元件的检查

（1）打开门盖：①将隔离插销连锁柄置“分”位置；②安装好隔离插销操作手柄，向后扳到极限位置；③用双手向上提起，顺势拉开门盖。

（2）抽出机芯：①用手拨开进线插头和机座的锁扣，使插头和机座脱离；②从底架上抽出辅助导轨，打开并使之与前腔导轨可靠挂接；③手拉机芯，将其放置于辅助导轨上。

（3）检查各电气元件，绝缘件应无损伤，各紧固件应无松动，各导线连接应可靠，各防爆面应无锈蚀，箱体各腔内应清洁、干燥。如发现电器元件损坏，紧固件松动或导线连接不可靠，应及时处理。

2. 配电装置在下井安装前应进行的试验

1）绝缘水平试验

（1）使用2500 V摇表进行测试，一次对地、相间电阻均应大于或等于200 MΩ。摇测前要将电压互感器零点拆开或拆除一次接线。

（2）在试验以前，要将三相电压互感器、压敏电阻器的高压引线从高压主回路中拆除，拆下测控单元装置。

（3）在高压主回路的相间、每相导体对地、真空断路器灭弧室的触头断口之间施加23 kV工频电压，在隔离插销断口间施加26 kV工频电压，二次回路对地施加2 kV工频电压，历时1 min应无击穿和闪络现象。

2）三相6 kV通电试验

首先将配电装置一切元器件、电路恢复正常，把三相6 kV电源从配套电装置的电源接线腔引入送电，然后对各种电气元件的工作情况、测控单元装置的工作情况逐一进行试验，确保其正常工作。

3. 配电装置的安装、调试

（1）配电装置应水平安装，如有倾斜度，不应超过15°。在配电装置的底架下，最好设有宽度和深度约为40 mm的电缆地沟。

（2）多台配电装置联台使用时，应根据供电系统图的要求就位，并用连通节连接起来，相邻两台配电装置的硬母线在联台腔中用专用连接铜带连接。注意保证相邻裸露铜带及铜带对外壳的电气间隙不得小于60 mm。

（3）输入和输出电缆若为铠装电缆，须用电缆胶按规程要求制作电缆头；若为橡套电缆头，须用压盘将密封圈压紧达到隔爆要求。电缆头制作完毕后，应当用兆欧表（2500 V）检验，确认制作质量合格后，方可将电缆接到配电装置的接线柱上。

（4）安装接线工作完成后，各台配电装置应根据实际需求对测控单元的各项技术参数进行整定。

（5）关闭箱门和各盖板，检查各处的隔爆间隙符合规程要求。

（6）按停送电程序的要求给每台配电装置停送电，并逐一观察配电装置停送电后是否能正常工作。发现异常现象，应立即停电、检查、处理。

4. 送停电程序

1）送电程序

（1）隔离插销插合到位。

（2）隔离连锁柄置于“合”位置。

（3）真空断路器手动或电动合闸。

2）停电程序

（1）真空断路器手动或电动分闸。

（2）隔离连锁柄置于“分”位置。

（3）隔离插销分闸到位。

5. 日常保养

（1）配电装置带电正常运行中，每隔半年应检查各隔爆结合面，发现锈斑，须用0号砂布把锈斑打磨干净后并进行防锈处理。

（2）配电装置在井下停电一周以上，在送电前应当注意各电器元件是否有因受潮而引起绝缘电阻不合格的情况。

（3）配电装置正常运行中，每一年应对压敏电阻器进行一次预防性试验。

特别注意：在接线、维修时必须断上级电源；同时严禁带电检修、严禁带电开盖。在维修和使用中不得改变本安电路和本安电路有关的元器件的参数、规格、型号。

三、配电装置定值整定

ZNCK－6A 红外遥控器作为 MMI 管理插件的智能输入设备，各键功能见表2－3。

表2－3　ZNCK－6A 红外遥控器各键功能

名　称	功能说明	名　称	功能说明
UP	光标的控制键；方向键（向上、增加）	OK	命令【确认】键
DOWN	光标的控制键；方向键（向下、减少）	BACK	命令取消【返回】键
LEFT	光标的控制键；方向键（向左）	OPERATION	用于确认红外信号接收正确
RIGHT	光标的控制键；方向键（向右）		

配电装置整定值参见表2－4。

表2-4 配电装置整定值表

整定参数	整定值	整定范围	分辨值	整定时间	设定时间	分辨率
速断保护	I	1.00~99.99 A	0.01 A	—	—	—
限时速断	I	1.00~99.99 A	0.01 A	T	0~60 s	0.01 s
定时限过流	I	1.00~99.99 A	0.01 A	T	0~60 s	0.01 s
反时限过流	I	1.00~99.99 A	0.01 A	时间倍数 k	0.01~99.99 s	0.01
零序一段过流	I_0	1~40 A	0.01 A	T	0~60 s	0.01 s
零序二段过流	I_0	1~40 A	0.01 A	T	0~60 s	0.01 s
功率方向零序	I_0	1.00~40 A	0.01 A	T	0.06~60 s	0.01 s
低电压保护	U	20.0~100.0 V	0.1 V	T	0~60 s	0.01 s
过电压保护	U	80.0~120.0 A	0.1 V	T	0~60 s	0.01 s
零序过电压	U_0	5.0~120.0 A	0.1 V	T	0~60 s	0.01 s
绝缘电阻低定值	R	0.750~0.850 kΩ	0.001 kΩ	T	0~60 s	0.01 s
绝缘电阻高定值	R	1.800~2.500 kΩ	0.001 kΩ			
PT断线报警	—	—	—	T	1.00~60 s	0.01 s
风电保护	—	—	—	T	0.00~60 s	0.01 s
瓦斯保护	—	—	—	T	0.00~60 s	0.01 s

四、常见故障及维修

配电装置常见故障及维修见表2-5。

表2-5 配电装置常见故障及维修

序号	故障现象	主要原因	处理意见
1	隔离操作机构扳不动	闭锁未解除	解除闭锁
2	测控单元无反应	保险熔丝断	更换保险
3	断路器合不上	失压磁铁未吸合;机构位置不合理;电合按钮、行程开关不到位	检查调整电合按钮和行程开关
4	合闸后高压短路指示掉闸	短路整定值不合适	按实际负荷要求重新整定
5	合闸后过载指示掉闸	过载整定值不合适	按实际负荷要求重新整定
6	故障现象后,测控单元拒动	测控单元电源故障	更换测控单元,检查故障回路
7	测控单元动作后,断路器不掉闸	分闸线路故障 机械卡死故障	检查分闸线路,调整机械机构
8	通电后显示正常,只能手合,不能电合	电合按钮不到位,电合线路有故障	调整电合按钮,检查电合线路
9	不能手分	失压线路故障,分闸机构故障	调整分闸机构,检查失压线路
10	主腔内照明灯不亮	熔芯烧坏,灯泡损坏,线路故障	更换熔芯、灯泡,检查线路

五、实训

实训一　PJG－630/6(10)Y 矿用隔爆型高压真空配电装置的安装接线与调试

1. 训练准备

（1）分组准备。在实习指导教师的组织下，由实习学生参与，根据场地及工位情况将全体人员分成若干小组并指定小组负责人。

（2）场地、设备及材料准备。在实习指导教师的指导下，由实习学生参与进行实习场地的整理、实习设备的布置及材料的分发。

（3）仪器、仪表及电工工具准备。在实习指导教师的指导下，由实习学生参与进行实习用的仪器、仪表的布置或分配以及电工工具的分发。

2. 开关门操作

（1）说明具体的机械闭锁关系。由学生说明该高压真空配电装置中的机械闭锁关系存在于哪些电气元件之间或哪些部分之间。

（2）指出机械闭锁的具体情况。由学生针对具体的高压真空配电装置说明其机械闭锁的详细情况及操作的注意事项和要求。

（3）完成开关门操作。在实习指导教师的指导下，由学生按照要求和正确的步骤打开高压真空配电装置的门盖。

3. 抽出机芯

（1）熟悉电气元件。在实习指导教师的指导下，认识电气元件及熟悉电气元件的作用。

（2）查找接线。在实习指导教师的指导下，由学生根据电路图，依照实物对应关系查找相关接线。

4. 试验与整定

（1）智能测控单元的试验。在实习指导教师的许可和监护下，送入 100 V 三相交流电，对智能测控单元性能进行检测。

（2）保护功能试验。智能测控单元性能检测后，按要求进行过流、漏电与监视等进行相关试验，试验完毕后，必须按“复位”按钮。

（3）智能保护测控单元工作参数整定。在实习指导教师的监护下，逐一完成综合保护装置各项参数的整定。

5. 高压真空断路器的调整

（1）真空断路器的真空灭弧室的开距调整。在实习指导教师的指导下，按操作步骤进行真空断路器的真空灭弧室的行程、超行程的调整。

（2）三相同期调整。按操作步骤进行 3 个真空断路器的真空灭弧室的吸合与分断时的同步调整。

（3）仔细观察高压真空断路器灭弧室，判断是否漏气。

6. 完成接线

（1）内部接线。试验与整定完毕，进行内部导线的恢复。

（2）按工艺要求完成高压真空配电装置与6 kV电源的连接，并进行全面检查。

7. 高压送电操作

观察高压真空配电装置运行情况，查看显示屏页面的运行参数是否正常，听一听有无异常声响，详细记录各项运行参数，最后确认高压真空配电装置运行是否正常。

8. 高压停电操作

（1）明确操作规程，在实习指导教师的指导下，填写操作票。

（2）明确操作顺序，由学生列出具体的停电操作步骤及注意事项。

（3）在实习指导教师的监护下，严格执行操作票制度，由学生完成停电操作。

9. 清理现场

操作完毕，在教师的监护下，关闭电源，拆线。收拾工具器材、仪表及设备，整理工作场所，并请指导教师验收。

实训二　PJG-630/6(10)Y型矿用隔爆型高压真空配电装置的维修

1. 训练准备

（1）分组准备。在实习指导教师的组织下，由实习学生参与，根据场地及工位情况将全体人员分成若干小组并指定小组负责人。

（2）场地、设备及材料准备。在实习指导教师的指导下，由实习学生参与进行实习场地的整理、实习设备的布置及材料的分发。

（3）仪器、仪表及电工工具准备。在实习指导教师的指导下，由实习学生参与进行实习用的仪器、仪表的布置或分配以及电工工具的分发。

2. 开关门操作

（1）明确具体的机械闭锁关系。由学生说明该高压真空配电装置中的机械闭锁关系存在于哪些电气元件之间或哪些部分之间。

（2）指出机械闭锁的具体情况。由学生针对具体的高压真空配电装置说明其机械闭锁的详细情况及操作的注意事项和要求。

（3）完成开关门操作。在实习指导教师的指导下，由学生按照要求和正确的步骤打开高压真空配电装置的门盖。

3. 故障信息收集

（1）询问故障时现场人员是否听到或看到有关的异常现象，如出现声响、火花等。

（2）详细查看故障设备外部和内部有无烧焦、脱落、裂痕、缺陷等异常状况。

（3）用2500 V兆欧表对高压电缆进行相间及三相对地的绝缘检测，进一步收集故障信息。

4. 故障分析

在实习指导教师的指导下，学生根据故障现象进行故障分析和排查。

（1）针对故障出现的各种现象和信息进行原因分析，明确造成该故障的各种可能情况，并一一列出来。

（2）先在电路图中标出故障范围，对照实物，列出可能的故障元件或故障部位。

（3）根据该高压真空配电装置的情况及故障元件或故障部位出现的频率及查找的难

易程度，明确查找故障元件或故障部位可能的顺序。

5. 确定故障点，排除故障

经实习指导教师检查同意后，学生根据自己对故障原因的分析进行故障排除。

（1）依照查找故障可能的顺序，选用正确的仪表、工具逐一排查，直到检查出故障元件或故障部位。

（2）若带电操作，必须在实习指导教师的许可和监护下按照操作规程进行。

（3）选用正确的方法及合适的仪器、仪表、工具进行更换或修复电气元件。

（4）在故障排除过程中，要规范操作，严禁扩大故障范围或产生新的故障。

6. 排除故障后通电试运行

故障排除后，要在实习指导教师的许可和监护下送电试运行，以观察高压真空配电装置的运行情况，确认故障已排除。

7. 清理现场

操作完毕，在指导教师的监护下，关闭电源，拆线。收拾工具器材、仪表及设备，整理工作场所，并请指导教师验收。

学习任务三　KBZ－630/1140 矿用隔爆真空智能型馈电开关

【学习目标】

（1）掌握 KBZ－400/1140 矿用隔爆真空智能型馈电开关的用途、结构及型号含义。

（2）掌握 KBZ－400/1140 矿用隔爆真空智能型馈电开关的电气工作原理。

（3）掌握 KBZ－400/1140 矿用隔爆真空智能型馈电开关主要电气元件的位置及作用。

（4）掌握 KBZ－400/1140 矿用隔爆真空智能型馈电开关的工作过程。

（5）能够排除 KBZ－400/1140 矿用隔爆真空智能型馈电开关的常见故障。

【建议课时】

8 课时。

【工作情景描述】

KBZ－400/1140 矿用隔爆真空智能型馈电开关，可作为线路总开关和分路开关，向各低压用电设备输送电能，或与移动变压器配套使用，也可作为大容量电动机不频繁启动用，具有过载、短路、欠压、漏电闭锁和漏电保护等功能。因此，正确操作和维护维修真空馈电开关是专业电工的必备技能。

为了正确地操作、安装和维护真空馈电开关，需先了解它的用途、结构、智能原理等知识。

学习活动 1　明确工作任务

【学习目标】

（1）掌握 KBZ－400/1140 矿用隔爆真空智能型馈电开关的用途、结构及型号含义。

（2）掌握 KBZ－400/1140 矿用隔爆真空智能型馈电开关的电气工作原理。

（3）掌握 KBZ－400/1140 矿用隔爆真空智能型馈电开关主要电气元件的位置及作用。

【建议课时】

4 课时。

一、明确工作任务

煤矿井下工作条件恶劣，负荷变动较大，同时采掘工作面需要不断移动。因此，KBZ－400/1140 矿用隔爆真空智能型馈电开关作为低压配电开关，需要不定期进行维护、调整、安装及检修，以满足安全生产的要求。

二、相关理论知识

（一）用途和型号含义

1. 用途

KBZ－400/1140(660）系列矿用隔爆真空智能型馈电开关（以下简称馈电开关）主要用于煤矿和其他周围介质中有煤尘和爆炸性气体的环境，在交流频率 50 Hz、电压 660 V 或 1140 V、额定电流 400 A 及以下的线路中，既可作配电系统的总开关，也可作配电支路首、末端的分开关。KBZ－400/1140(660）系列矿用隔爆真空智能型馈电开关外形如图 3－1 所示。

图 3－1　KBZ－400/1140(660)系列矿用隔爆真空智能型馈电开关

2. 型号含义

型号含义如下：

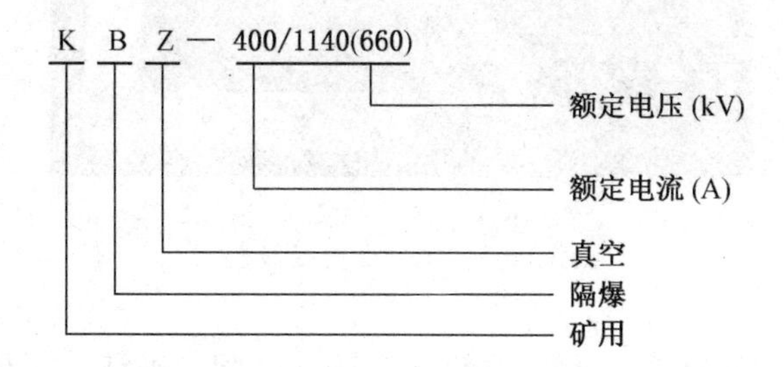

（二）结构组成

1. 外部结构

如图 3－2 所示，馈电开关主要由装在橇形底架上的方形隔爆外壳、本体装置、前门和电器件装配等部分组成。外壳的前门为快开门结构。

（1）接线腔。接线腔内装有 3 个主回路进线接线柱和 3 个出线接线柱，4 个可穿入电缆外径为 $\phi32\sim\phi72$ 的主回路进出线喇叭口，3 个可穿入电缆外径为 $\phi4.5\sim\phi21$ 的控制回路进出线喇叭口；两组控制线接线柱。馈电开关接线腔如图 3－3 所示。

图 3－2　馈电开关外形图

图 3－3　馈电开关接线腔

（2）前门装有一个观察窗、七个按钮（合闸、分闸、确认、复位、上选、下选、漏试）、操作手柄，如图 3－4 所示。箱体装有电源转换开关、机械闭锁装置、脱扣按钮、接地装置，如图 3－5～图 3－7 所示。

2. 内部结构

如图 3－8～图 3－11 所示，馈电开关内部主要电气元件有：真空断路器、综合保护器、液晶显示器、三相电抗器、电容器、电源变压器、综保电源变压器、阻容吸收装置、电源开关等。

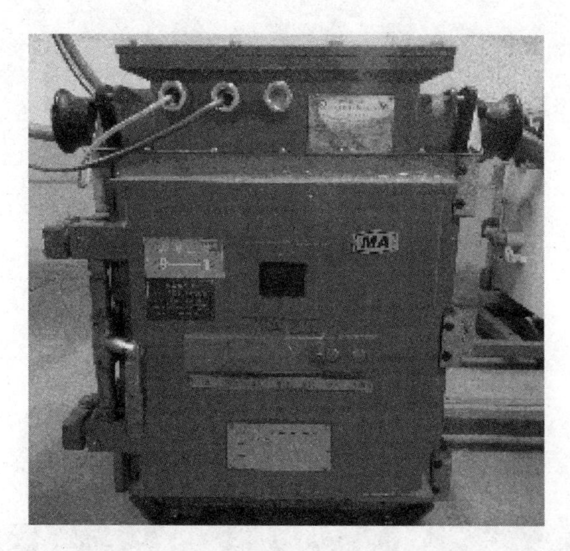

图3－4　馈电开关前门

图3－5　转换开关手柄和机械闭锁装置

图3－6　脱扣按钮和操作手柄

图3－7　接地装置

图3－8　馈电开关内部结构

图3－9　前门内侧

（三）电气原理

KBZ－400/1140型真空馈电开关电气原理图如图3－12所示。

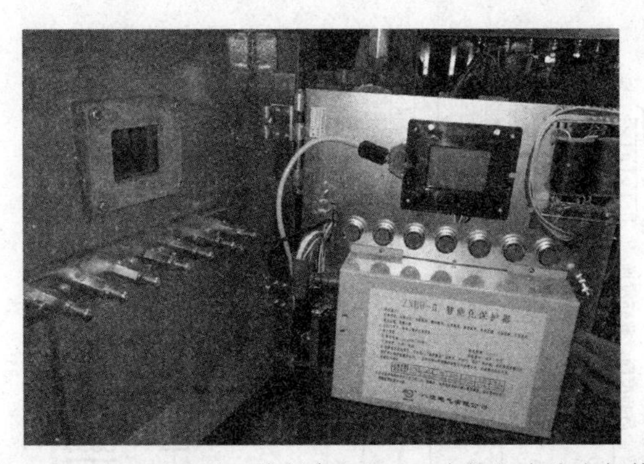

图 3－10　液晶显示屏、控制变压器、7 个按钮和综合保护器

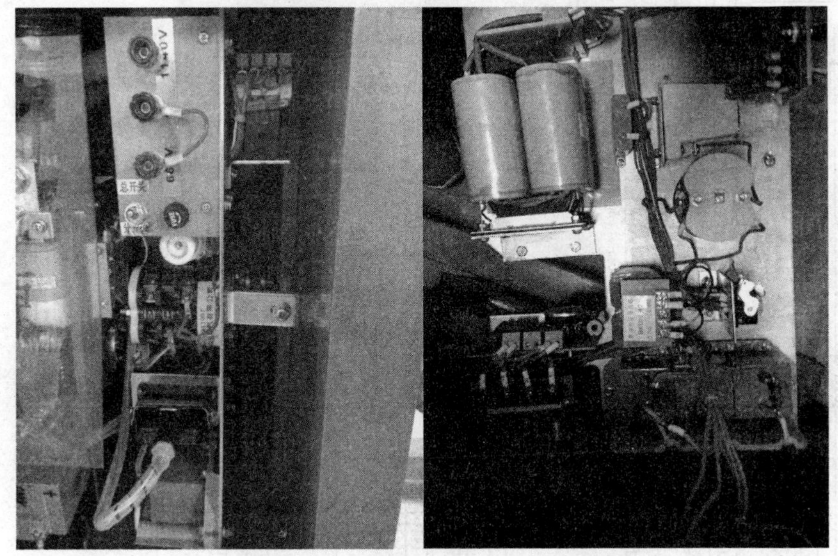

(a) 侧板

(b) 真空断路器和三相电流互感器

图 3－11　侧板和真空断路器

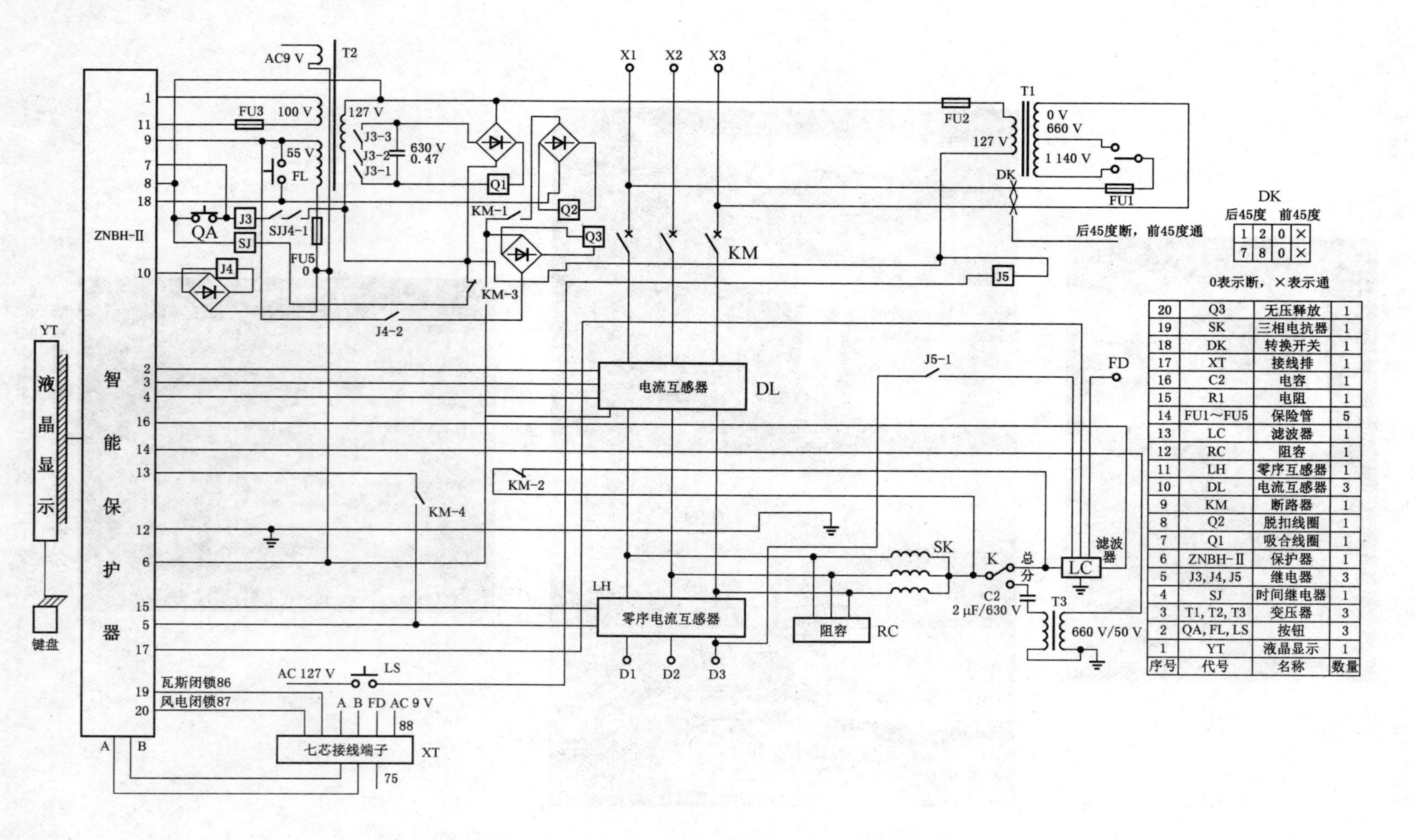

序号	代号	名称	数量
20	Q3	无压释放	1
19	SK	三相电抗器	1
18	DK	转换开关	1
17	XT	接线排	1
16	C2	电容	1
15	R1	电阻	1
14	FU1～FU5	保险管	5
13	LC	滤波器	1
12	RC	阻容	1
11	LH	零序互感器	1
10	DL	电流互感器	3
9	KM	断路器	1
8	Q2	脱扣线圈	1
7	Q1	吸合线圈	1
6	ZNBH-II	保护器	1
5	J3, J4, J5	继电器	3
4	SJ	时间继电器	1
3	T1, T2, T3	变压器	3
2	QA, FL, LS	按钮	3
1	YT	液晶显示	1

图3-12 KBZ-400/1140型真空馈电开关电气原理图

当转换开关打至电源位时，时间继电器 SJ 得电常开接点闭合，按下合闸按钮 QA 时，继电器 J3 吸合，常开接点 J3－1～J3－3 闭合，断路器 KM 的吸合线圈 Q1 有电，断路器合闸。同时，断路器辅助触点 KM－3 断开，时间继电器 SJ 断电，其触点延时一定时间后断开，继电器 J3 断电，常开接点 J3－1～J3－3 打开，线圈 Q1 不再工作。而保护插件给予指令或按分闸按钮 FL 时，断路器脱扣线圈 Q2 得到 55 V 电压后，断路器分闸，辅助开关中的常开接点 KM－1 打开，保证分闸后脱扣线圈 Q2 不再工作。

转换开关有两个挡位："闭锁"（分闸）、"电源"。"闭锁" 位时，变压器无电；"电源" 位时，变压器有电。正常情况下液晶显示器上显示 "分闸待机"，此时允许断路器合闸；按下合闸按钮 "QA"，断路器合闸，显示器显示 "合闸运行"。

门板上的 7 个按钮分别为：上选、下选、确认、复位、漏试、分闸和合闸。

漏电闭锁和漏电检测由保护插件的 16 脚引出：

（1）作总开关时，通过滤波器、扭子开关 K、三相电抗器 SK 形成回路，绝缘电阻小于闭锁值时实现漏电闭锁。当发生漏电故障时，漏电跳闸动作时间：经 1 kΩ 电阻漏电单台使用时≤30 ms，作系统总开关时≤200 ms。

（2）作分开关时，通过滤波器、断路器常闭接点 KM－2、SK 形成回路，绝缘电阻小于闭锁值时实现漏电闭锁。当发生漏电故障时，漏电跳闸动作时间：经 1 kΩ 电阻漏电≤30 ms。

（3）在总开关和多台分开关组成系统时，漏电电阻在 20（1＋20%）kΩ（1140 V）、11（1＋20%）kΩ（660 V）动作值以下，能可靠地实现选择性漏电保护和后备保护。

（四）保护测控单元技术参数

1. 短路保护

短路保护动作倍数分挡连续可调，短路整定电流值为开关整定电流的 3.0～10.0 倍，精度为 ±5%。短路保护动作时间小于 100 ms。

2. 过载保护特性

过载保护采用热积累算法原理，还可实现断续过载情况下的过载保护。过载动作时间与理论计算值误差小于 ±500 ms，电流计算精度为 ±5%。整定电流的过载倍数与动作时间见表 3－1。

表 3－1　整定电流的过载倍数与动作时间

整定电流的过载倍数	动作时间	起始状态
1.05	2 h 不动作	冷态
1.2	0.2～1 h	热态
1.5	90～180 s	热态
2.0	45～90 s	热态
4.0	14～45 s	热态
6.0	8～14 s	冷态

3. 漏电闭锁保护

开关在分闸状态、负荷侧绝缘电阻在 40（1＋20%）kΩ（1140 V）、22（1＋20%）kΩ

(660 V)闭锁值以下时，能可靠地实现漏电闭锁，并显示“漏电闭锁”和阻值。

当绝缘电阻上升到大于解锁值1.5倍时，则自动解除漏电闭锁。

4. 漏电保护

馈电开关作为总开关时，自动选择基于附加直流电源检测的漏电保护功能，为分支馈电开关漏电保护的后备保护。

馈电开关作为分开关时，漏电保护具有选择性，自动选择漏电故障支路。

漏电延时动作时间0～250 ms可调；为保证漏电保护的纵向选择性功能，应注意馈电总、分开关上下级动作时间的配合。

在运行中，开关负荷侧绝缘电阻在20 kΩ（1140 V）、11 kΩ（660 V）动作值以下时，能可靠地实现选择性漏电保护跳闸并显示“漏电故障”。

5. 过压保护

当电网进线电压U_{ac}>120%额定电压时，过压保护动作，动作时间小于100 ms，精度为±5%。

6. 欠压保护

当电网进线电压U_{ac}<65%额定电压时，欠压保护延时5 s动作，精度为±5%。

欠压保护可以整定选择“打开”或“关闭”。

7. 风电闭锁

风电闭锁主要用于馈电开关与局部通风机开关组成联控。当局部通风机开关正常工作时，馈电开关才能正常启动工作；当局部通风机开关因故跳闸时，馈电开关就会自动跳闸断电。

根据局部通风机开关跳闸时的输出接点状态，风电闭锁保护可以选择“常开”或“常闭”作为动作条件。

例：若选择“常开”，则：

(1) 当局部通风机开关正常运行其输出接点闭合时，馈电开关可以正常运行。

(2) 当局部通风机开关跳闸其输出接点断开时，合闸运行的馈电开关立即自动跳闸断电，并显示“风电故障”；分闸状态的馈电开关闭锁合闸，并显示“风电闭锁”。

8. 甲烷电闭锁

甲烷电闭锁主要用于馈电开关与甲烷断电仪组成联控。当甲烷断电仪正常工作时，馈电开关才能正常启动工作；当甲烷断电仪因故跳闸时，馈电开关就会自动跳闸断电。

根据甲烷断电仪跳闸时的输出接点状态，甲烷电闭锁保护可以选择“常开”或“常闭”作为动作条件。其接点定义同“风电闭锁”。

学习活动2　工作前的准备

一、工具、仪表

常用电工工具1套，验电笔、十字旋具、一字旋具、剥线钳、扁嘴钳各1个，瓦检仪，停电闭锁牌，数字式万用表、1000 V兆欧表、钳形电流表各1块。

二、设备

KBZ－400 矿用隔爆真空智能型馈电开关 1 台。

三、材料与资料

绝缘胶布及胶质线、2.5 mm^2 控制电缆、直径 32 mm 橡套电缆若干，劳保用品、工作服、绝缘手套、绝缘鞋，KBZ－400/1140 矿用隔爆真空智能型馈电开关产品说明书 1 份。

学习活动 3　现　场　施　工

【学习目标】

(1) 熟悉 KBZ－400/1140 矿用隔爆真空智能型馈电开关的结构与工作过程。

(2) 掌握 KBZ－400/1140 矿用隔爆真空智能型馈电开关的操作与整定方法。

(3) 掌握 KBZ－400/1140 矿用隔爆真空智能型馈电开关的常见故障排除方法。

【建议课时】

4 课时。

【任务实施】

一、馈电开关的工作过程

1. 馈电开关的合闸和分闸

将馈电开关的操作手柄由“闭锁”位置打到“电源”位置，显示器显示“分闸待机”；按合闸按钮断路器吸合，显示器显示“合闸运行”，按分闸按钮断路器断开。

在分闸状态，若负荷侧与外壳间接入小于漏电闭锁值的电阻，显示器显示“漏电闭锁”和电阻值。若接入大于漏电闭锁值的电阻后，自动复位。

风电闭锁和甲烷电闭锁动作使开关跳闸或闭锁后，只有风电闭锁和甲烷电闭锁解除后，馈电开关方能重新启动。

2. 侧板的扭子开关 K 的位置

作总开关或单台单独使用时，先将侧板上的扭子开关 K 打在“总开关”的位置；若作分开关使用时，应打在“分开关”的位置；同时在菜单整定屏里的“系统状态”也需对应地设置为“总开关”或“分开关”。

3. 按键的功能

复位：按下该键，装置处于复位状态；释放该键，装置从起始位置进入工作状态。

确认：按下该键，执行光标（反白显示）处的操作。

上选：按下该键，可使光标上移，或使反白显示处的参数增加。

下选：按下该键，可使光标下移，或使反白显示处的参数减小。

4. 定值整定方法

方法一：通过液晶显示与键盘操作进行整定。

方法二：通过 RS485 通信接口由监控计算机进行整定。

二、显示信息与按键操作

1. 初始屏

开关送电后，液晶屏显示如下信息：

智 能 化 馈 电 开 关
分 闸 待 机
2007-04-26
08:00
中 国 八 达 电 气

其中，第2行表示状态，根据不同情况可显示为：初始化中、分闸待机、合闸运行、整定出错及相关故障信息（短路跳闸、漏电故障、过载跳闸、漏电闭锁、断相跳闸、过压故障、欠压故障、甲烷电闭锁、风电闭锁）；第3行显示日历×年×月×日；第4行显示当时具体的时间×时×分。在该显示屏下，按“确认”键时进入的“菜单”屏。

2. “菜单”屏

1	运 行 信 息
2	保 护 试 验
3	累 计 信 息
4	故 障 追 忆
5	保 护 整 定
6	装 置 设 置
7	出 厂 设 置
8	返 回 上 屏

第2项在分闸待机时显示“保护试验”；合闸运行时显示“跳闸试验”。

第7项“出厂设置”是为产品出厂调试时用，用户不必关心此项。

按上选、下选键，可上下移动菜单并反白显示；按确认键执行反白显示菜单项的下级菜单或相应功能，各子菜单显示信息和说明分别如下：

1）“运行信息”屏

电 网 电 压	1 14 0V
负 荷 电 流	40 0A
有 功 功 率	4 20 KW
按 确 认 键 返 回	

注： 若馈电开关电压 U_{ac} 或电流 I_a 相序接错，合闸运行后“有功功率”显示为0。

2）“保护试验”屏

短	路	试	验			完	好
漏	电	试	验			故	障
	按	确	认	键	返	回	

3）“累计信息”屏

电	度				××	××	度
累	计	故	障		××	××	次
短	路	跳	闸		××	××	次
	按	确	认	键	返	回	

4）“故障追忆”屏

前	99	次			07-	06-	30
					11:	32:	25
		短	路	故	障		
Uac=		14	68 V				
Ic=3		26	0 A	Ic=3		26	0 A
	按	确	认	键	返	回	

注：“故障追忆”信息包括：短路故障、漏电故障、过载故障、断相跳闸、过压故障、欠压故障、风电闭锁故障、甲烷电闭锁故障及相应的电网故障参数。液晶屏右上角显示故障发生时刻的年、月、日、时、分、秒。

5）“保护整定”屏

1	系	统	电	压	1	140	伏
2	整	定	电	流		400	安
3	短	路	倍	数		10	倍
4	欠	压	保	护		打	开
5	系	统	状	态	总	开	关
6	漏	电	延	时		0	ms
7	风	电	闭	锁		常	闭
8	甲	烷	电	闭	锁	常	闭
9	保	存	整	定		放	弃
10	返	回	上	屏			

“保护整定”内容：

(1) 系统电压：电网电压选择，可选“1140伏”或“660伏”。

(2) 整定电流：过载保护与短路保护的动作定值依据，可调范围为5~400 A，以5 A为一个变化间隔递增。

(3) 短路倍数：短路电流/整定电流的比值，3.0~10.0连续可调，步长为0.1。

(4) 欠压保护：欠压保护功能选择，可选“打开”或“关闭”。

(5) 系统状态：开关在电网中的位置选择，可选“总开关”或“分开关”。注意应与开关侧板上的扭子开关K一致。

(6) 漏电延时：选择性漏电保护动作延时时间，0~250 ms连续可调。

(7) 风电闭锁：风电闭锁保护87#、88#外接常开、常闭接点功能选择，可选外控接点为“常开”或“常闭”。

(8) 甲烷电闭锁：甲烷电闭锁保护86#、88#外接常开、常闭接点功能选择，可选外控接点为“常开”或“常闭”。

(9) 保存整定：可选“放弃”或“执行”。修改完整定内容后，只有选中“执行”时，本次修改的内容才存入保护单元，否则返屏后维持原整定内容不变。

6)“装置设置”屏

1	通信地址	99
2	波特率	4800
3	电度清零	放弃
4	累计清零	放弃
5	追忆清零	放弃
6	时钟设置	
	07-04-26 08:00	
7	返回上屏	

“装置设置”屏上可进行整定的内容如下：

(1) 通信地址：本保护单元在通信网络中的地址选择，可选范围1~99。

(2) 波特率：本保护单元通信速率选择，可选1200、2400、4800、9600 bps。

(3) 电度清零：“电度清零”信息清零选择，可选“放弃”或“执行”。

(4) 累计清零：“累计信息”中“累计故障”与“短路跳闸”次数清零选择，可选“放弃”或“执行”。

(5) 追忆清零：“故障追忆”信息清零选择，可选“放弃”或“执行”。

(6) 时钟设置：日历时钟的校准、修改。

三、补充说明

(1)“保护试验”屏是馈电开关的自检信息，使用前应显示完好。

(2)“出厂设置”屏只能在分闸状态时才能进入，该屏包含本保护的重要参数，其中数值不得随意更改，否则将影响计算精度。

(3) 漏电试验按钮：在开关分闸状态按该按钮显示漏电闭锁值，在开关合闸状态按该按钮开关跳闸并显示漏电故障。

(4) 短路保护部分支持相敏短路保护功能，应保证正确的相序接线，开关合闸后若功率显示值为零或偏小，应改变相序接线至功率显示正常。

四、馈电开关的安装与维护

(1) 安装前应仔细检查连接螺栓等紧固件是否松动，是否有散落的异物。

(2) 检查馈电开关的技术参数与使用条件是否相符，并根据实际工作电流进行整定。

(3) 保证辅助接地极FD和主接地极之间距离大于5 m，且接地良好。

(4) 当使用总开关与分开关组成配电系统使用时，除了按“整定方法”中的规定将开关分别整定为“总开关”与“分开关”外，还应注意一台变压器二次侧系统只能有一台总开关存在，以确保漏电保护动作值的准确性。

(5) 应对所有功能，按操作方法进行试运行，一切正常后方可正式投入运行。

(6) 定期清除污垢、锈斑，检查接线装置、接地装置，防爆面定期涂防锈油，转动轴及时加润滑油。

五、常见故障及排除

馈电开关常见故障及排除见表3－2。

表3－2 馈电开关常见故障及排除

故障	原因	排除
打“电源”位时无显示	1. 电源没有加到保护插件上； 2. 电源没有加到显示面板上	1. 检查矩形插座电压为100 V； 2. 检查变压器输出、输入端，电压保险管等； 3. 将显示板连线插接牢固
跳闸试验不动作	没有55 V电源	检查分励电路和FU5熔断器
按合闸按钮不合闸	J3不吸合	1. 检查合闸线路和保护器； 2. 检查127 V线路； 3. 检查整流桥是否损坏
电压显示不正常 电流显示不正常	1. 变压器二次侧输出故障； 2. 电流互感器连线故障	1. 检修变压器； 2. 查线
漏电不跳闸	检测回路故障	查保护中的滤波板上相关器件

六、实训

实训一 KBZ－400矿用隔爆真空智能型馈电开关安装调试

1. 训练准备

（1）分组准备。在实习指导教师的组织下，由实习学生参与，根据场地及工位情况将全体人员分成若干小组并指定小组负责人。

（2）场地、设备及材料准备。在实习指导教师的指导下，由实习学生参与进行实习场地的整理、实习设备的布置及材料的分发。

（3）仪器、仪表及电工工具准备。在实习指导教师的指导下，由实习学生参与进行仪器、仪表的布置或分配及电工工具的分发。

2. 开关门操作

（1）说明具体的机械闭锁关系。由学生说明该真空馈电开关中的机械闭锁关系存在于哪些电气元件之间或哪些部分之间。

（2）指出机械闭锁的具体情况。由学生针对具体的真空馈电开关说明其机械闭锁的详细情况及操作的注意事项和要求。

（3）完成开关门操作。在实习指导教师的指导下，由学生按照要求和正确的步骤打开真空馈电开关的门盖。

3. 抽出机芯

（1）熟悉电气元件。在实习指导教师的指导下，认识电气元件及熟悉电气元件的作用。

（2）查找接线。在实习指导教师的指导下，由学生根据电路图，依照实物对应关系查找相应接线。

4. 试验与整定

（1）低压馈电综合保护器的试验。在实习指导教师的许可和监护下，送入50 V交流电对低压馈电综合保护器的试验性能进行检测。

（2）ZLDB－Ⅱ型智能化综合保护器工作参数整定。在实习指导教师的监护下，根据规定的供电，逐一完成综合保护装置各项参数的整定。

5. 完成接线

（1）内部接线。试验与整定完毕，进行内部导线的恢复。

（2）按工艺要求完成KBZ－400/1140型隔爆真空馈电开关与低压1140 V电源的连接，并进行全面检查。

6. 调试后通电试运行

完成调试后，要在实习指导教师的许可和监护下送电试运行，观察真空馈电开关的运行情况。

（1）通电。在实习指导教师的许可和监护下，按送电的正确顺序进行送电。

（2）运行。详细观察运行状态，并仔细记录试运行参数。

（3）断电。按正确的断电顺序进行断电操作。

7. 清理现场

操作完毕，在指导教师的监护下，关闭电源，拆线。收拾工具器材、仪表及设备，整理工作场所，并请指导教师验收。

实训二　KBZ－400 矿用隔爆真空智能型馈电开关的故障排除

1. 训练准备

（1）分组准备。在实习指导教师的组织下，由实习学生参与，根据场地及工位情况将全体人员分成若干小组并指定小组负责人。

（2）场地、设备及材料准备。在实习指导教师的指导下，由实习学生参与进行实习场地的整理、实习设备的布置及材料的分发。

（3）仪器、仪表及电工工具准备。在实习指导教师的指导下，由实习学生参与进行仪器、仪表的布置或分配及电工工具的分发。

2. 开关门操作

（1）说明具体的机械闭锁关系。由学生说明该真空馈电开关中的机械闭锁关系存在于哪些电气元件之间或哪些部分之间。

（2）指出机械闭锁的具体情况。由学生针对具体的真空馈电开关说明其机械闭锁的详细情况及操作的注意事项和要求。

（3）完成开关门操作。在实习指导教师的指导下，由学生按照要求和正确的步骤打开真空馈电开关的门盖。

3. 故障信息收集

（1）询问故障时现场人员是否听到或看到有关的异常现象，如出现声响、火花等。

（2）详细查看故障设备外部和内部有无烧焦、脱落、裂痕等异常状况。

（3）在实习指导教师的许可和监护下送电（允许的话），进一步查看故障现象及收集相关信息。

4. 故障分析

在实习指导教师的指导下，学生根据故障现象进行分析排查。

（1）针对故障的各种现象和信息进行原因分析，明确造成该故障的各种可能的情况，并一一列出来。

（2）先在电路图中标出故障范围，对照实物列出可能的故障元件或故障部位。

（3）根据该真空馈电开关的情况及故障元件或故障部位出现的频率及查找的难易程度，明确查找故障元件或故障部位可能的顺序。

5. 确定故障点，排除故障

经实习指导教师检查同意后，学生根据自己对故障原因的分析进行故障排除。

（1）依照查找故障可能的顺序，选用正确的仪表、工具逐一排查，直到检查出故障元件或故障部位。

（2）选用正确的方法及合适的仪器、仪表、工具进行更换或修复电气元件等操作，以排除故障。

（3）在故障排除过程中，要规范操作，严禁扩大故障范围或产生新的故障。

6. 排除故障后通电试运行

在故障排除后，要在实习指导教师的许可和监护下送电试运行，以观察真空馈电开关的运行情况，确认故障已排除。

（1）通电。在实习指导教师的许可和监护下，按送电的正确顺序进行送电。先送馈电后送磁力起动器，再启动电动机。

（2）断电。按正确的断电顺序进行断电操作。

7. 清理现场

操作完毕，在指导教师的监护下，关闭电源，拆线。收拾工具器材、仪表及设备，整理工作场所，并请指导教师验收。

学习任务四　KBSGZY 系列矿用隔爆型移动变电站

【学习目标】

（1）了解 KBSGZY 系列矿用隔爆型移动变电站的外部结构组成。

（2）了解 KBSGZY 系列矿用隔爆型移动变电站的使用注意事项。

（3）掌握 KBG－250/6Y 型矿用隔爆型移动变电站用高压开关的结构及电气原理。

（4）熟练掌握 KBG－250/6Y 型矿用隔爆型移动变电站用高压开关分合闸操作，并能进行简单故障分析与处理。

（5）掌握 BXB－800/1140(660)Y 型矿用隔爆型移动变电站用低压侧保护箱的功能及电气原理。

（6）熟练掌握 BXB－800/1140(660)Y 型矿用隔爆型移动变电站用低压侧保护箱的分合闸操作、安装及维护，并能排除简单故障。

【建议课时】

8 课时。

【工作情景描述】

随着采掘工作面机械化程度越来越高，工作面机电设备的单机容量（超过 1000 kW）和总容量（达到将近 3000 kW）都有了很大的增加。同时，由于机械化程度的提高，采区走向长度的加长，导致供电距离加大。在一定工作电压下，输送功率越大，电网的损失也越大，电动机的端电压越低，这将影响用电设备的正常工作。采用移动变电站使高压电深入到工作面巷道来缩短低压供电距离，既经济又能保证供电质量，同时提高用电设备的电压等级，以适应综合机械化采煤要求。

矿用隔爆型移动变电站，是一种具有变压、高低压控制和保护功能并可随工作面移动的组合供电设备。

学习活动 1　明确工作任务

【学习目标】

（1）了解 KBSGZY 系列矿用隔爆型移动变电站的外部结构组成。

（2）了解 KBSGZY 系列矿用隔爆型移动变电站的使用注意事项。

（3）掌握 KBG－250/6Y 型矿用隔爆型移动变电站用高压开关的结构及电气原理。

（4）掌握 BXB－800/1140(660)Y 型矿用隔爆型移动变电站用低压侧保护箱的功能及电气原理。

【建议课时】

4 课时。

一、明确工作任务

KBSGZY 矿用隔爆型移动变电站是一种可移动的成套供变电装置。它适用于有甲烷混合气体和煤尘等有爆炸危险的矿井中，可将 6 kV 电源转换成 693(660) V、1200(1140) V、3450(3300) V 煤矿井下所需的低压电源。因此必须掌握其使用注意事项及电气工作原理。

二、相关的理论知识

(一) KBSGZY 系列移动变电站的型号含义

型号含义如下：

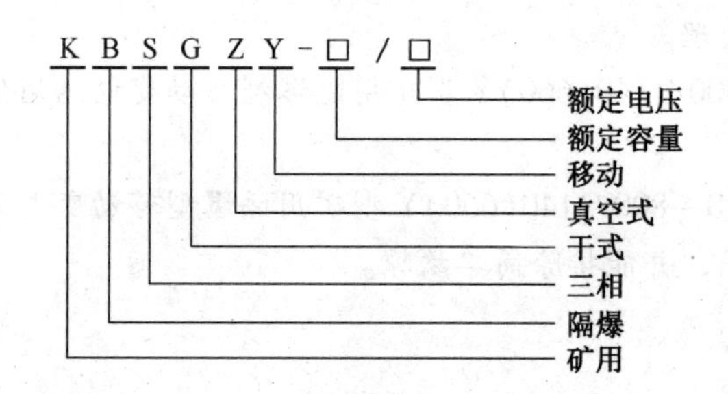

(二) KBSGZY 型移动变电站的外部结构组成

1. 移动变电站的结构组成

移动变电站由矿用隔爆型高压负荷开关（或矿用隔爆型高压真空配电装置）、矿用隔爆型干式变压器和矿用隔爆型低压馈电开关（或矿用隔爆型低压智能保护箱）三部分用螺栓固定成一个整体，安装在车架上，车架下有轮子，可沿轨道移动（图 4－1)。

图 4－1 KBSGZY 系列矿用隔爆型移动变电站

2. 移动变电站的结构特点

（1）干式变压器箱体均由钢板焊接而成。箱体侧面采用瓦楞钢板结构，既可以增加箱体的强度，又可增加散热面积。

（2）移动变电站高低压开关有电气连锁。合闸时先合高压开关，后合低压开关；分断时先断低压开关，后断高压开关，且必须用本机手柄分合闸，保证取下手柄时，低压侧先断电，防止带负荷操作。

（3）高压开关大盖和低压开关的门盖均设有机械闭锁。高压电缆停电后才能打开高压开关大盖；低压开关门盖打开后，就无法储能与合闸，开关在合闸和储能位置无法打开大盖。

（4）干式变压器器身顶部设有电接点温度继电器，上部气腔允许温度为 125 ℃，超温时可输出超温保护信号。

（5）若变换高压线圈分接电压时，应先断开高、低压开关，再打开箱体上部小盖螺钉，即可在干式变压器内部接线板上变换连接片（图 4－2）。连接片位置与对应电压值的关系见表 4－1。

表 4－1　连接片位置与对应电压值

连接片所在位置	分接电压/V			
$X_1—Y_1—Z_1$	额定	6000	+5%	6300
$X_2—Y_2—Z_2$	-4%	5760	额定	6000
$X_3—Y_3—Z_3$	-8%	5520	-5%	5700

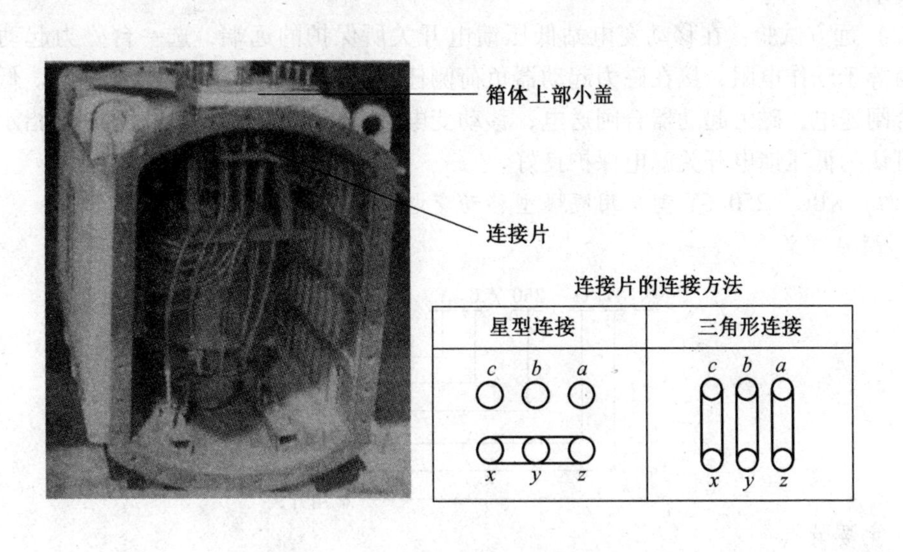

图 4－2　干式变压器内的连接片

（6）二次电压可通过 Y—Δ 变换得到两种电压，其中 100 kV·A、200 kV·A 的为 693 V/400 V；315 kV·A、500 kV·A、630 kV·A 的为 1200 V/693 V。

（三）KBSGZY型移动变电站使用注意事项

1. 移动变电站投入运行前注意事项

移动变电站投入运行前，应详细阅读产品说明书、产品铭牌、线路图，检查容量、电压等级，查看接线组别及地面试验报告能否满足使用要求，并严格检查如下内容：

（1）所有壳体、零部件和观察窗等有无损坏现象。

（2）所有隔爆结合面有无损伤，隔爆间隙是否符合规定要求。

（3）操作机构应灵活，各按钮应无卡阻现象，紧固件无松动，电气连接件接触良好可靠，进出电缆应压紧和密封。

（4）变电站各部分电气绝缘性能良好。

（5）移动变电站接地系统是否符合要求，主接地极和辅助接地极距离不得小于5 m，接地电阻不大于2 Ω。

2. 移动变电站空载运行

（1）各部检查无误后方可合高压负荷开关，移动变电站空载运行。

（2）合上低压馈电开关的电源隔离开关，并按下复位按钮，检查各信号灯指示是否正常，检漏继电器是否投入工作。空气开关合闸送电后，可检查各信号灯及仪表指示是否正常。调节网路电容电流补偿数值。

3. 移动变电站现场试验

为了检验移动变电站的检漏继电器是否动作灵敏可靠，必须进行现场试验。第一次现场试验时，需分别进行就地试验和远方试验。

（1）就地试验：按下试验按钮，馈电开关跳闸，开关状态及检漏继电器状态显示灯符合要求。

（2）远方试验：在移动变电站低压馈电开关所保护的远端，选一台磁力起动器，设置电阻等于动作电阻，接在磁力起动器负荷侧任一火线和地线之间的接线柱上。低压馈电开关合闸送电，磁力起动器合闸送电，移动变电站低压馈电开关立即跳闸，并指示漏电显示，可认为低压馈电开关漏电保护良好。

（四）KBG－250/6Y型矿用隔爆型移动变电站用高压真空开关

1. 型号含义

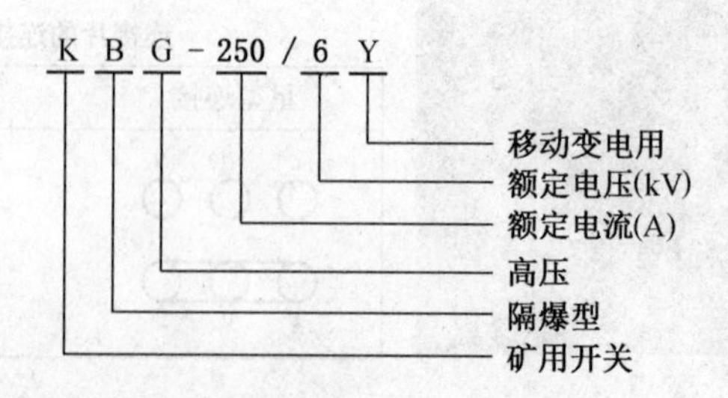

2. 主要特点

（1）与变压器和低压综合保护箱配套使用，组成低压侧故障分断变压器高压侧电源的运行模式。

（2）具有独立的高压隔离腔室，运行及维护安全、可靠。

（3）高压开关腔设有观察窗，便于观察触头分合是否良好。

（4）结构合理，操作方便，并具备电动合闸及手动储能合闸双重机构。

（5）高压真空断路器分断容量大。

（6）对变压器具有温度保护功能。

（7）采用可编程控制器 PLC 和人机屏 GOT 系统。

（8）PLC 智能型综合保护器具有系统自检、故障诊断巡检及记忆功能，能够实时检测并数字化显示运行状态及故障指示，便于系统使用、维护和故障判断与处理。

（9）保护功能齐全，有过载、短路、断相、过压、欠压、超温、上级电源急停保护，并对低压侧反馈来的故障进行保护。

3. 结构

KBG－250/6Y 型真空开关外形如图 4－3 所示。

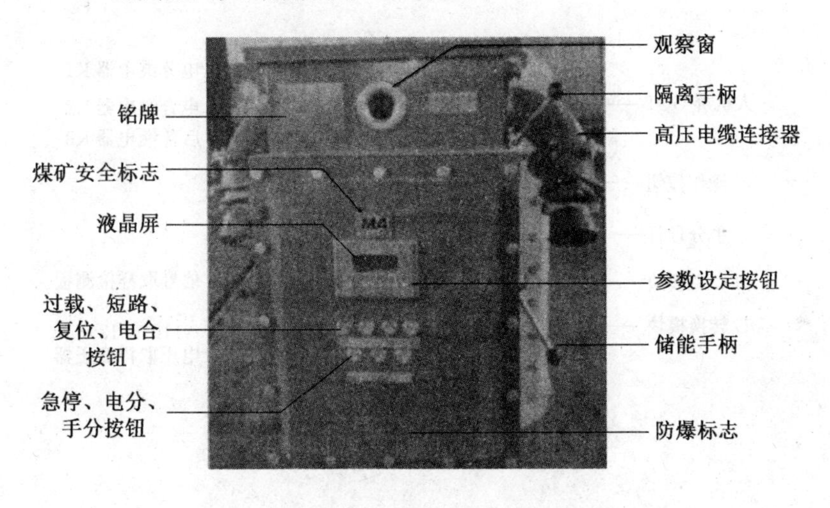

图 4－3　KBG－250/6Y 型真空开关外形

箱体为长方形，中间隔板将整个箱体隔成 3 个隔爆腔室。上腔接线腔左右两侧各有个高压电缆引入装置（图 4－4）。上腔隔离开关腔内装有一个刀闸隔离开关，并设有观察窗。下腔装有电流互感器、电压互感器和真空断路器，断路器由左右两根导条导入，并可以在两根导条内部固定断路器。箱体右侧板上设有隔离开关分合闸手柄、断路器机械合闸手柄、机电闭锁装置等。

KBG－250/6Y 矿用隔爆型移动变电站用高压真空开关前门内侧装有人机屏 GOT、PLC 主模块、A/D 转换模块、信号取样检测板（图 4－5），前门设有液晶显示窗，显示配电装置运行状态和各种故障状态。

面板上还设有参数设定按钮，以及过载、短路、复位、急停、电合、电分、手分操作按钮，用于实现参数设定和功能操作。

KBG－250/6Y 矿用移动变电站用高压真空开关主腔内的元器件有：合闸电磁铁 SQ、分闸电磁铁 TQ、合闸电动机 DM、滤波电容、合闸中间继电器 JH1、分闸中间继电器 JH2、电压互感器 PT、熔断器、电源板、分合闸弹簧、计数器、分/合指示器、终端元件等（图 4－6）。此外，在主腔的背侧还有真空断路器、压敏电阻、穿心式电流互感器等元器件。

图 4-4　KBG-250/6Y 型真空开关上腔结构

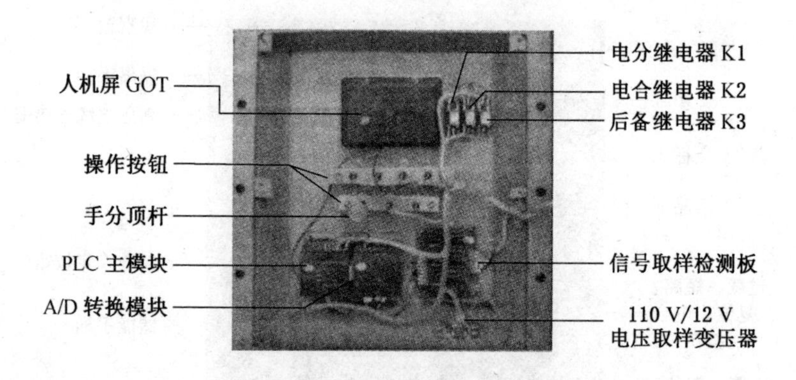

图 4-5　前门内侧元器件

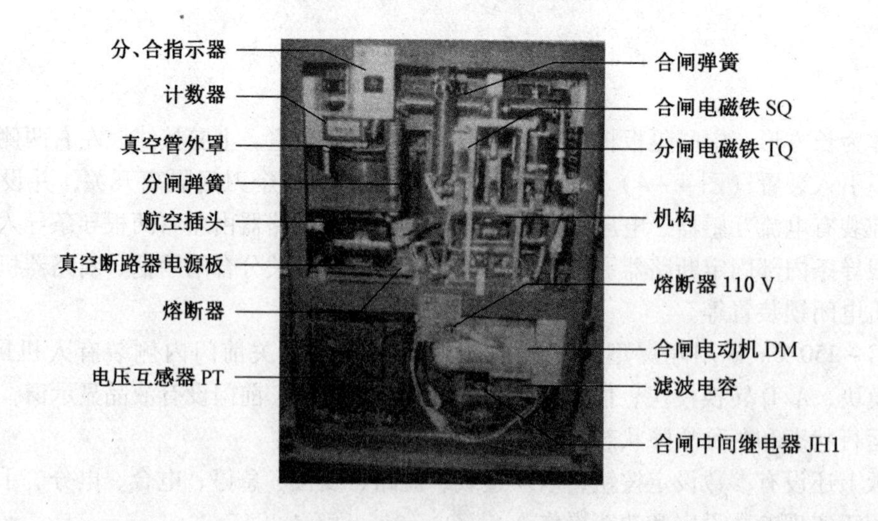

图 4-6　KBG-250/6Y 型真空开关主腔内部结构

4. 电气工作原理

图 4-7 为 KBG-250/6Y 型高压真空开关电气工作原理图。

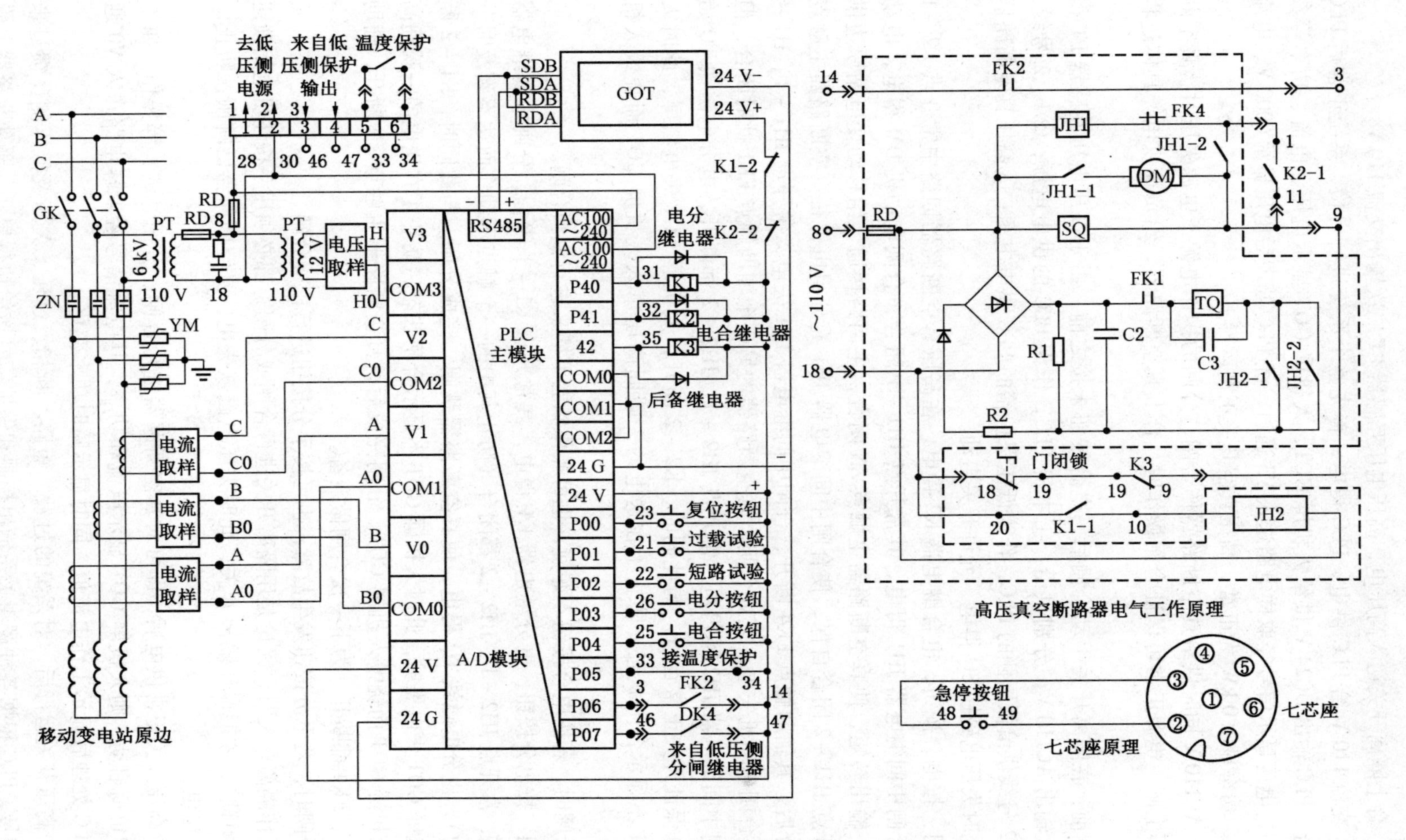

图 4-7　KBG-250/6Y 型高压真空开关电气工作原理

（1）合上隔离开关送入高压电，高压电压互感器 PT 二次输出交流 110 V。

（2）交流 110 V 给 PLC 供电，PLC 得电，首先整个系统进行自检，系统正常后 PLC 投入运行。PLC 输出 DC24 V 供给人机屏 GOT，人机屏 GOT 显示电压、电流、功率等参数。其中，电压显示信号经取样电路送入 V3 通道，经 PLC 处理后电压显示 6000 V、电流显示 0 A、功率显示 0 kW 为正常，高压真空开关正常运行。

（3）AC110 V 同时供给真空断路器作合闸、分闸的操作电源。电源失压时，真空断路器合不上闸。电源正常可保证合闸操作时，合上真空断路器，给负荷供电。具体过程如下：

合闸前：在隔离开关手动合闸后，电合按钮未按之前，由于高压电压互感器 PT 得电，二次输出 AC110 V，分别供给：①本机 PLC，作为 PLC 的供电电源；②1、2 号线，通过 1、2 号线供给低压侧的 PLC，作为低压保护箱的 PLC 供电电源；③高压真空断路器回路，此时失压电磁铁 SQ 得电，允许开关启动。

合闸：按电合按钮，电合继电器 K2 得电，在高压真空断路器回路中常开点 K2 - 1 闭合，合闸中间继电器 JH1 得电，其常开点 JH1 - 1 闭合，合闸电动机 DM 得电，电动机运转，输出转矩，使真空断路器主触点 ZN 闭合，主回路接通，给移动变电站原边供电，常开点 JH1 - 2 闭合自保，使合闸中间继电器 JH1 充分得电，待真空断路器主触点完全闭合后，其辅助触点 FK4 断开，合闸中间继电器 JH1 失电，常开点 JH1 - 1、H1 - 2 断开，合闸电动机失电，完成合闸。真空断路器的另一个辅助触点 FK1 此时闭合，但由于分闸中间继电器 JH2 不得电，常开点 JH2 - 1、JH2 - 2 都断开，电分电磁铁 TQ 始终不得电保证开关正常运行。与此同时，K2 - 2 断开，人机屏 GOT 失电黑屏，此时人机屏 COT 不显示合闸状态，防止了在送电的一瞬间高压窜入人机屏 GOT 而烧毁人机屏 GOT。

在合闸时，若按电合按钮不好使，也可操作储能手柄来进行机械合闸。

分闸：按电分按钮，电分继电器 K1 得电，其常开点 K1 - 1 闭合，分闸中间继电器 JH2 得电，常开点 JH2 - 1、JH2 - 2 都闭合（防止其中的一个触点不动作而达不到及时分闸的目的），电分电磁铁 TQ 得电，使真空断路器跳闸，完成分闸。与此同时，K1 - 2 断开，人机屏 GOT 失电黑屏，此时人机屏 GOT 不显示合闸状态，防止了在送电的一瞬间高压窜入人机屏 GOT 而烧毁人机屏 GOT。分闸完成后，真空断路器主触点 ZN 断开，辅助触点 FK1、FK4 都断开，为下一次合闸做准备。

在分闸时，若电分按钮发生故障，也可按手分按钮进行机械分闸。

在操作隔离开关时，无论是用隔离开关进行合闸或分闸，都必须用手按住机电闭锁钮（又称门闭锁），才能操作隔离开关，此时失压电磁铁失电，真空断路器已跳闸，防止了带负荷停送电。

（4）高压开关正常供电后，即可对真空断路器进行合闸、分闸、试验等操作。如果合闸后带负荷启动，则人机屏 GOT 显示电流和功率，其电流信号经取样电路送入 V0 通道，经 PLC 处理后显示工作电流值，同时显示瞬时功率变化。

（5）高压开关运行后，对系统的过载、短路、断相、过压、欠压及低压侧反馈过来的故障信号，PLC 根据各种逻辑关系输出控制和保护信号送给执行单元，驱动断路器上脱扣器动作，使断路器跳闸，从而实现保护，同时人机屏 GOT 上显示故障界面。

（6）在故障界面下，PC 进行闭锁保护，保证电动合闸不执行合闸操作，手动合闸也合不上闸。只有在故障处理后，按复位键，人机屏 GOT 显示主界面情况下，才能进行合分闸操作。

5. 保护特性

（1）过载保护：高压真空开关的过载 1.2 倍保护采样值取自 B 相，经电流 - 电压转换取样电路送入 V0 通道，经过 A/D 转换后送入 PLC 内部 D1 寄存器；当该寄存器内数据大于 PLC 过载整定设定值的 1.2 倍时，PLC 延时输出一开关信号使高压真空断路器跳闸，动作时间小于 120 s，同时人机屏 GOT 显示过负荷故障界面。

本装置过载 1.5 ~ 6 倍保护采样值取自 A、C 相，经电流 - 电压变换器送入 V1、V2 通道，经过 A/D 转换后送入 PLC 内部 D2 寄存器；当 A、C 任一相电流超过设定值时，PLC 按反时限特性进行保护，同时人机屏 GOT 显示过负荷故障界面。

（2）短路保护：本装置的短路保护采样值取自 A、C 相，经电流 - 电压变换后，该取样值送入 A/D 模块及 V1、V2 通道，经 AD 转换后送入 PLC 内部 D3 寄存器；当 A、C 任一相电流超过速断设定值时，PLC 送出一开关信号迅速使高压真空断路器动作，动作时间小于 100 ms，同时人机屏 GOT 显示短路故障界面。

（3）断相保护：PLC 在每个扫描周期内将送入寄存器 D1、D2、D3 内的电流值进行比较，找出电流最大值寄存器（如 D1），然后分别用 D1 减去其他两寄存器的数据，当差值超过设定电流值的 70% 时，PLC 延时 15 s 送出一开关信号使高压真空断路器动作，同时显示断相界面。

（4）欠压、过压保护：欠压、过压保护采样值取自电压 - 电压转换器，送入 V3 通道，经 A/D 转换后送入 PLC 内部 D4 寄存器。PLC 在每个扫描周期内将 D4 内数据与额定电压值进行比较，当取样电压低于额定电压的 75% 或高于额定电压的 115% 时，PLC 输出信号控制断开高压真空断路器，同时人机屏 GOT 显示欠压、过压保护界面。

（5）超温保护：当变压器实际温度超过变压器设计温度时，温度传感器输出开关信号到 PLC 的 P05 口，然后 PLC 输出控制信号分断高压真空断路器，同时人机屏 GOT 显示移动变电站温度过高界面。

（6）上级电源急停保护：当上级电源需要紧急停电时，按下高压开关的急停按钮，即可迅速停掉上级电源（当与上级电源控制装置连接时起作用）。

（五）BXB - 800/1140(660)Y 型矿用隔爆型移动变电站用低压侧保护箱

1. 功能

BXB - 800/1140(660)Y 型矿用隔爆型移动变电站用低压侧保护箱适用于具有瓦斯和煤尘爆炸危险的煤矿，安装在移动变电站的低压侧，能对低压侧电网的各种故障进行监测，并将故障断电信号传递给高压开关，由其切断移动变电站高压侧电源。该低压侧保护箱与 KBG - 250/6Y 型矿用隔爆型移动变电站用高压真空开关作为 1140 V（660 V）、330 V 矿用隔爆型移动变电站的低、高压配电开关，可实现过载、短路、漏电、漏电闭锁、过压、欠压、后备跳闸等保护。

2. 型号含义

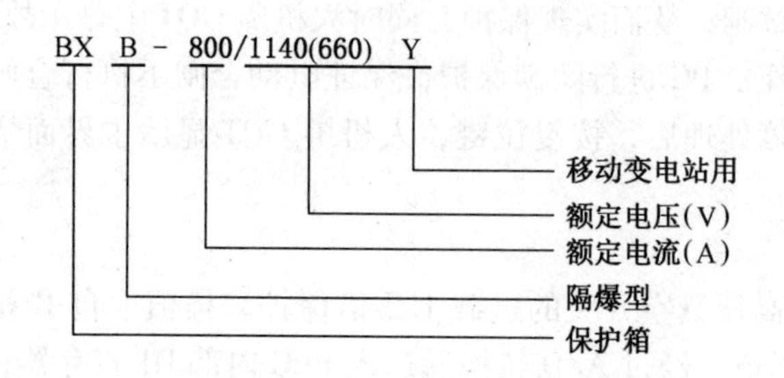

3. 组成结构

BXB - 800/1140(660) Y 型矿用隔爆型移动变电站用低压侧保护箱主要由防爆箱和 PLC 智能型综合保护器（包括人机屏 GOT）两大部分组成。隔爆箱体分为接线腔和主腔两个腔体，箱体为长方形，中间隔板将整个箱体隔成两个防爆腔室。低压侧保护箱如图 4 - 8 所示。

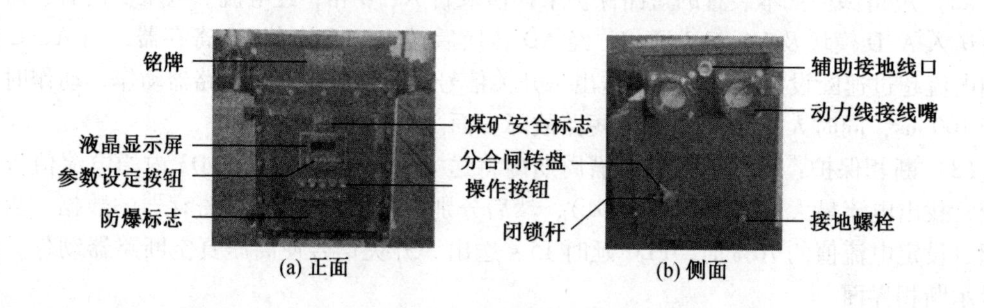

图 4 - 8　低压侧保护箱

接线腔左右两侧各有两个电缆引入装置，下腔装有信号取样单元和保护单元，箱体右侧板上设有闭锁开关分合闸转盘。面板设有液晶显示屏，显示保护箱运行状态和各种故障状态。面板上还设有参数设定按钮以及电分、过载、短路、复位、漏电等按钮，用于实现参数设定和功能操作。

打开保护箱，箱体前门内部装有可编程控制器 PLC、人机屏 GOT、AD 转换模块(图 4 - 9)。

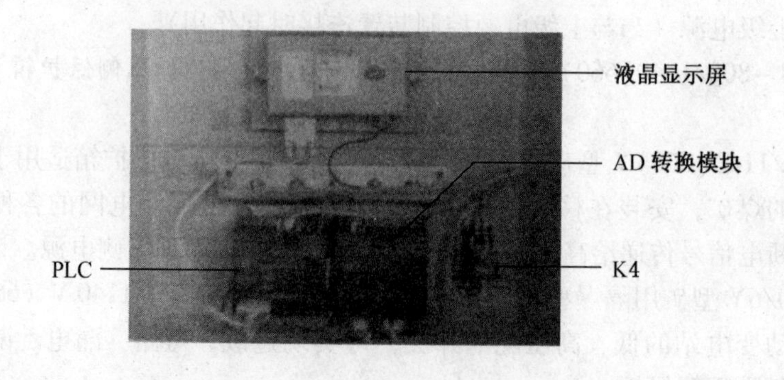

图 4 - 9　低压侧保护箱前门内侧结构

在主腔内装有 3 个穿芯式电流互感器、3 个压敏电阻、漏电试验电阻、继电器 K5、电压选择开关、零序电抗器、电压取样变压器、三相电抗器、电容器和信号取样板等元器件，如图 4－10 所示。

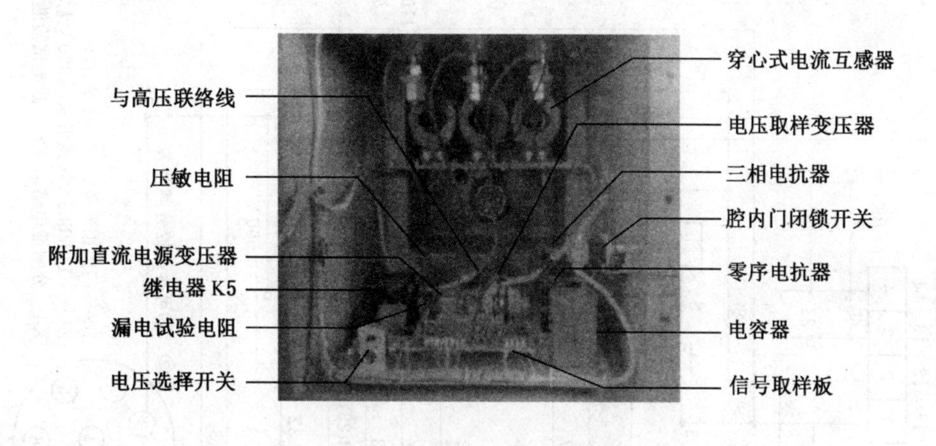

图 4－10　主腔内部元器件

4. 电气工作原理

BXB－800/1140（660）Y 矿用隔爆移动变电站用低压侧保护箱接线图、电气工作原理图分别如图 4－11、图 4－12 所示。

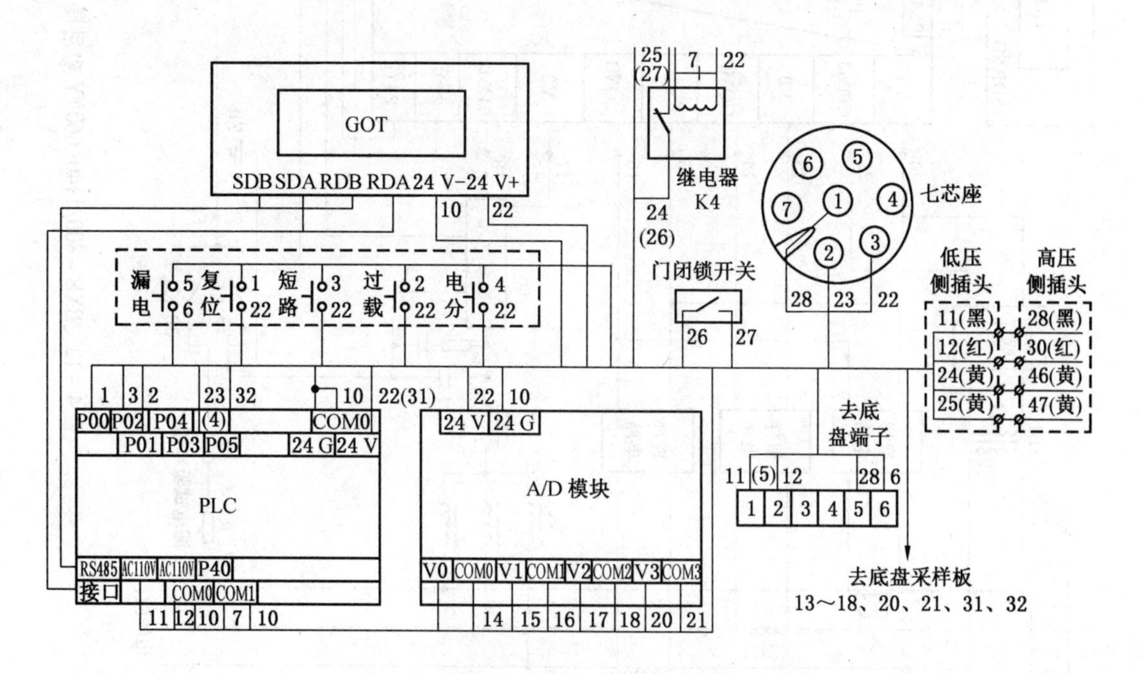

图 4－11　BXB－800/1140(660)Y 矿用隔爆移动变电站用低压侧保护箱接线图

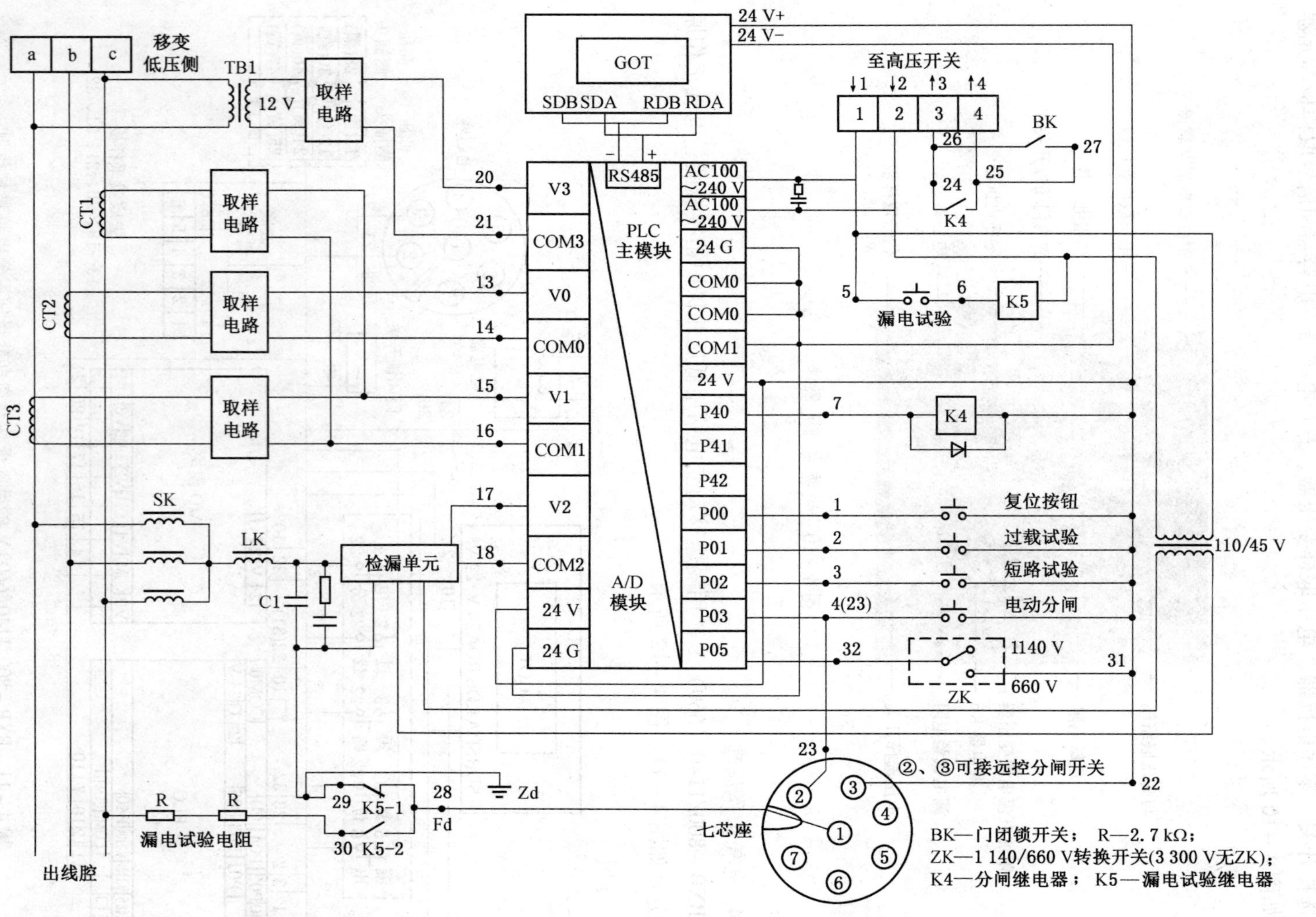

BK—门闭锁开关； R—2.7 kΩ；
ZK—1 140/660 V转换开关(3 300 V无ZK)；
K4—分闸继电器； K5—漏电试验继电器

图4-12 BXB-800/1140(660)Y矿用隔爆移动变电站用低压侧保护箱电气工作原理

（1）高压开关电压互感器（PT）二次输出的AC110 V电压通过变压器4芯接线柱输入到低压侧，作为PLC智能型低压综合保护器的工作电源。

（2）电压互感器（TB1）二次输出的AC12 V电压经采样处理后作为电压信号输入PLC，用于主回路电压显示，同时作为合分闸信号显示。

（3）当低压侧保护箱投入运行后，PLC首先对整个系统进行自检，系统正常后方可投入运行。

（4）保护箱运行后，PLC对保护箱的主回路、控制回路的电压、电流、绝缘等状态进行实时监控并显示；对系统的过载、短路、漏电、过压、欠压等故障，PLC根据各种逻辑关系输出显示故障，同时将保护信号传送给高压配电装置的PLC，驱动真空断路器分闸，从而实现对移动变电站的保护。

具体工作过程如下：

当低压保护箱发生过载、短路、漏电、漏电闭锁、过压、欠压等故障时，故障信号经采样后输入PLC，PLC对故障信号进行分析、判断、处理，输出使K4继电器得电，K4常开点闭合，将闭合（故障）信号通过3、4号线反馈到高压侧，高压侧真空断路器保护跳闸，同时高压侧液晶屏上显示“低压保护动作”，低压侧液晶屏上则显示低压侧的相应故障，从而实现了低压侧故障分断高压侧电源的运行模式。

在低压侧保护箱前门内侧有一个闭锁钮，正常合闸时为常开接点BK，它与常开点K4并联，当低压侧前门打开或没关严时，BK接点闭合，同样将闭合（故障）信号通过3、4号线反馈到高压侧PLC，使高压侧真空断路器跳闸，液晶屏上同样显示“低压保护动作”，使高压侧不能进行合闸，而低压侧液晶屏上显示“分闸”。只有当低压前门关闭后且低压侧没有故障时，才能启动高压侧。

5. 保护特性

（1）过载保护：保护箱的过载1.2倍保护采样信号取自B相电流－电压变换器，该取样值送入V0通道，经A/D转换后送入PLC内部D1寄存器。当该寄存器内数据大于PLC内部设定值的1.2倍时，PLC延时输出一开关信号传输至高压侧使高压真空断路器跳闸，动作时间小于120 s，同时人机屏显示过负荷故障界面。本装置的过载1.5～6倍保护采样值取自A、C相电流－电压变换器，该取样值送入V1通道，经AD转换后送入PLC内部D2寄存器。当A、C任一相电流超过设定值倍数时，PLC按反时限特性进行保护，同时人机屏显示过负荷故障界面。

（2）短路保护：本装置的短路保护采样值取自A、C相电流－电压变换器，该取样值送入V1通道，经A/D转换后送入PLC内部D3寄存器，当A、C任一相电流超过速断设定值时，PLC送出一开关信号迅速传输至高压侧使高压真空断路器分闸，动作时间小于0.2 s，同时人机屏显示短路故障界面。

（3）漏电保护及漏电闭锁：保护箱的漏电保护和漏电闭锁采用附加直流电源的方式来实现。当系统漏电或绝缘值降低时，附加直流电源的电流通过设备外壳、大地、漏电故障点、电缆线、三相电抗器SK、零序电抗器LK和检漏单元中的取样电阻流回电源负极，在取样电阻上产生一取样电压，该电压送入V2通道，经AD转换后送入PLC内部D4寄存器。当D4内数据大于PLC内部漏电保护闭锁规定值时，PLC保护动作，人机屏显示漏电保护或闭锁界面，同时 PLC 输出一开关信号传输至高压侧使高压真空断路器分闸。

(4) 欠压、过压保护：欠压、过压保护采样值取自配电装置电压－电压转换器，送入 V3 通道，经 AD 转换后送入 PLC 内部 D5 寄存器，PLC 在每个扫描周期内将 D5 内数据与设定值进行比较，当取样电压低于设定电压的 75% 或高于设定值的 115% 时，人机屏显示对应保护界面，同时 PLC 送出一开关信号传输至高压侧，使高压真空断路器分闸。

(5) 后备跳闸保护：保护箱的七芯座设有一组接点，该接点可根据实际情况连接一开点信号。当下级磁力起动器的接触器粘连时，起动器传给保护箱一个闭合信号，PLC 控制断开高压真空断路器，同时人机屏显示对应保护界面。

6. 连锁

(1) 与前门连锁。低压保护箱运行时，低压保护箱前门由于连锁螺杆的旋入将不能打开。当需要打开前门时，必须将低压保护箱打在“分”位置（图 4－13），门连锁螺杆才能旋入门连锁孔，低压保护箱前门才能打开。

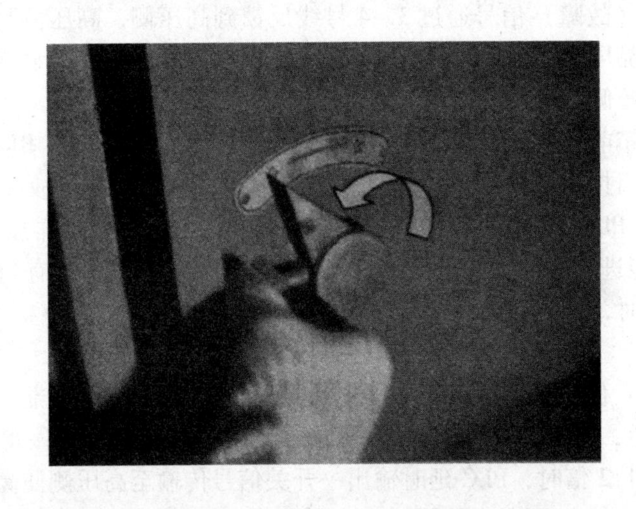

图 4－13　开关“分”位置

(2) 与高压开关连锁。当低压保护箱合闸手把打到“分”位置或低压侧显示故障时，通过与高压连接的通信线控制高压侧断路器跳闸，并通过保护继电器闭锁使真空断路器不能再吸合，使低压侧无电压。只有当把低压前门闭锁打到“合”位置时，高压开关真空断路器电动或手动合闸时才能吸合，这样从根本上保证了高压开关只有在低压侧保护箱处于正常运行时和无故障状态时才能合闸。

随着矿井开采能力不断提高，采掘工作面的设备及容量也相应增多、增大，为降低电压损失和减少多台设备同时启动时对电网及周边设备的影响，有效的办法是提高工作面电气设备的电压等级。实际上煤矿常用的工作电压等级有 660 V、1140 V，也有一些矿井已经逐渐投入使用 3300 V 电压等级。低压侧保护箱的电压除了 1140 V 和 660 V 两种等级外，也有 3300 V。

学习活动2　工作前的准备

一、工具

常用电工工具1套，验电笔、十字旋具、一字旋具各1个，万用表、兆欧表、钳形电流表各1块。

二、设备

KBSGZY 系列矿用移动变电站（KBG－250/6Y 型矿用隔爆型移动变电站用高压开关、BXB－800/1140(660) Y 型矿用隔爆型移动变电站用低压侧保护箱)。

三、材料与资料

KBSGZY 系列矿用移动变电站使用说明书，劳保用品、工作服、绝缘手套、绝缘鞋。

学习活动3　现　场　施　工

【学习目标】

(1) 能熟练检查 KBSG 型矿用隔爆型干式变压器。

(2) 熟练掌握 KBG－250/6Y 型矿用隔爆型移动变电站用高压开关分合闸操作，并能进行简单故障分析与处理

(3) 熟练掌握 BXB－800/1140(660) Y 型矿用隔爆型移动变电站用低压侧保护箱的分合闸操作、安装及维护，并能排除简单故障。

【建议课时】

4 课时。

【任务实施】

一、KBSG 型矿用隔爆型干式变压器检查

KBSG 型矿用隔爆型干式变压器采用全封闭型干式自冷变压器，散热条件极差。为此，除在结构方面采取一系列措施外，在壳内上部空间装有温度继电器，当温度达到温度继电器动作值时，接点闭合，接通报警回路，发出报警信号。

干式变压器结构比较简单，故障发生率较少，但有时发生故障的原因比较复杂。检查时，应对变压器运行状况、温升、电压及使用环境进行检查，其内容包括：

(1) 检查所有的螺栓是否松动，器身有无位移，铁芯有无变形。

(2) 测量穿心螺杆与铁芯、轭铁与夹铁间的绝缘电阻情况。

(3) 检查线圈绝缘层是否完整无损，有无位移和潮湿现象，线圈压钉是否紧固，上下部绝缘有无松动。

(4) 检查线圈引出线绝缘是否良好，接线端接触是否良好，带电体间距离是否符合

要求。

（5）检查线圈表面有无放电痕迹，元件线圈间和对地绝缘是否达到要求。

二、KBG－250/6Y 型矿用隔爆型移动变电站用高压开关操作及故障排除

（一）机械机构工作过程

KBG－250/6Y 型矿用隔爆型移动变电站用高压真空开关具有合闸、分闸两个位置。按下机械闭锁按钮后，向前推动手柄可进行合闸，向后拉动手柄可进行分闸。

1. 合闸

合闸包括电动合闸和手动合闸，操作时选其中的一种方法即可。

启动电合按钮→电合接触器闭合→通过电合机构
操作储能手柄→带动离合器转动→通过手合机构
}→驱动棘轮单向转动→储能弹簧逐渐拉伸→过中后能量释放→凸轮撞击脱扣器四连杆机构→推动主轴转动→其拐臂推动绝缘子→闭合真空开关管→合闸，随着主轴转动合闸，分闸弹簧被拉伸和触头弹簧被压缩而储能，过中后稳定下来，保持合闸位置。

2. 分闸

分闸包括电动分闸、手动分闸、电气闭锁分闸和保护动作跳闸 4 种，除保护动作跳闸外，通常采用电动分闸和手动分闸方式进行分闸。在紧急情况下，可按电气闭锁按钮分闸。

按电分按钮或保护动作→直流阀得电冲杆撞击
按下手动分闸按钮→用外力直接驱动冲杆撞击
按电气闭锁按钮或保护动作→电磁铁失电冲杆撞击
}→脱扣制子转动→脱扣器四连杆机构失去平衡→在分闸弹簧和触头弹簧的作用下主轴转动→其拐臂带动绝缘子→拉开真空开关管→分闸。分闸后，3 个绝缘子的螺钉紧靠在分闸限位缓冲器上，保持分闸位置。

3. 连锁

1）高压真空开关与前门的连锁

高压真空开关合闸时，高压真空开关前门由于连锁机构的旋入将不能打开。当需要打开前门时，必须将高压真空开关打在分闸位置（此时真空断路器已处于分闸状态），门连锁螺杆才能旋出门连锁孔，高压真空开关前门才能打开。

2）高压真空开关与真空断路器连锁

高压真空开关合闸后，高压真空开关主轴连接操作手柄转盘与真空断路器形成机电闭锁，使高压真空开关主轴无法转动。只有当按下高压真空开关与真空断路器的机电闭锁按钮后（此时真空断路器已处于分闸状态），高压真空开关才能动作，这样从根本上保证了高压真空开关在无载时才能合闸或分闸。

（二）安装

1. 安装前的准备

（1）安装前应在地面仔细检查本装置各部位及隔爆面是否完好，有无因运输造成的损伤，内部插头、紧固件等是否松动。

（2）安装前还应进行必要的绝缘试验：用 2500 V 兆欧表进行摇测，绝缘值不应小于 10 MΩ，有条件的地方还应进行工频耐压试验（注意：试验前打开前门，解除电压互感器

PT，拔下保险管和综合保护器控制线插头）。

2. 安装程序

（1）用起重设备平稳吊起高压真空开关，抽出高压真空开关后方法兰内的 3 条母线及 7 芯信号线，穿好上角两条螺栓，整体移向变压器相应法兰口。

（2）接信号线入变压器 7 芯接线柱，两条红黑色线为 AC110 V 电源线，接 1、2 号端子；两条黄色线为控制线，接 3、4 号端子；两条绿色线为温度保护接线，用来接干式变压器内的电接点温度继电器，接 5、6 号端子，不得接错，否则将造成保护元器件的损坏。

（3）接 3 条母线电缆入相应端，注意压平垫和弹簧垫并确认紧固，以防松动造成打火和接触电阻过大。

（4）对平法兰口，旋入预穿两条螺栓到适当位置（注意不能造成电缆和信号线的损伤），穿入其他螺栓并保证孔位平滑旋入，放松起吊线缆，旋紧螺栓。

（5）用 0.5 mm 塞尺检查防爆间隙。

注意：1140 V/660 V 电压转换（除 3300 V 以外），在确定低压侧输出电压后，把主板上相应的拨钮打到相应的电压位置上。

（三）高压开关使用前的试验

1. 绝缘水平试验

（1）使用 2500 V 摇表，测量一次对地、相间电阻均应大于或等于 200 MΩ。摇测前要将电压互感器零点拆除，或拆除一次接线。

（2）工频耐压。试验前，先将压敏电阻从主回路中拆除，高压综合保护器从断路器的插座上拔出。高压主回路的相间、每相对地、真空断路器的灭弧室的触头断口之间耐压试验按相关要求进行。

2. 三相 6 kV（10 kV）通电试验

首先将高压真空开关的元器件、电路恢复正常，三相 6 kV（10 kV）电源从高压真空开关的电源接线腔室引入，送电。然后对各种元器件的工作情况、综合保护器的工作情况逐一进行试验，工作情况应当正常。

（1）保护功能试验可以在一次（主回路）侧施加大电流或高电压，一般采用在二次侧施加电压（AC100 ~ 127 V）信号法做各种功能试验，但此时必须断开一次侧高压回路。

（2）压敏电阻在投入运行前和投入运行一年后，应进行预防性试验。压敏电阻不允许做工频放电电压试验，试验可按以下项目进行：

① 压敏电阻器两端施加直流电压（其脉冲值不超过 ±1.5%），当电流稳定于 1 mA 后，测出的电压值不得低于 9.5 kV。

② 直流漏电电流试验。在压敏电阻器两端施加规定的直流电压（8 kV），要求其脉动值不超过 ±1.5%，电压表指针稳定后微安表测出的电流值不大于 30 μA。

③ 绝缘电阻测量。用 2500 V 摇表测量压敏电阻器两端之间的绝缘电阻，其值应不小 250 MΩ。

（四）操作使用

1. 隔离开关合闸

（1）待上级电源送电后，按住机电闭锁按钮，操作隔离开关手柄至“合闸”位置，松开闭锁按钮使之进入限位凹槽。

（2）隔离开关合闸后，系统首先进行自检，正常状态下自检完毕后显示运行界面。

（3）观察低压保护箱人机屏 GOT 显示是否正确，正常后进行参数整定，复位待机。

2. 真空断路器合闸

（1）手动合闸：顺时针操作储能手柄，反复转动几次（小范围）即可完成合闸。

（2）电动合闸：按电动合闸按钮，合闸电动机启动，电合继电器保持至完成合闸。合闸后人机屏 GOT 显示合闸状态，辅助开关合闸电动机回路接点断开，储能手柄将进入分离位置，防止重复启动及储能。

（3）再次合闸：仔细观察高压侧人机屏 GOT 显示的故障现象，再观察低压侧人机屏 GOT 显示的故障现象，待故障排除并复位后，重复以上合闸步骤；故障未排除不可重复合闸。

3. 真空断路器分闸

（1）任何高低压保护范围内故障均可使断路器自动分断，保护器将记忆故障类型直至排除故障，按复位按钮后解除。

（2）人为分断可按电分按钮，通过综合保护器实现继电器分断；按闭锁按钮，通过控制失压试验电磁铁回路使断路器分断；按手分按钮可实现机械快速分断。

（3）移动变电站可通过低压侧试验按钮实现分断高压侧电源。

（五）常见故障现象、原因及处理方法

KBG－250/6Y 型高压开关常见故障现象、原因及处理方法见表 4－2。

表 4－2　KBG－250/6Y 型高压开关常见故障现象、原因及处理方法

常见故障	故障原因	处理方法
真空断路器电动合闸拒合、手动合闸正常	1. 电合按钮不闭合 2. 电合继电器 K2－1 触点不闭合 3. FK4 闭合不好 4. 合闸中间继电器线圈断线 5. JH1－1 闭合不好 6. 保险管烧断 7. 电合传动咬合棘轮有问题，或电动机传动连杆调整不当	1. 处理（更换） 2. 更换继电器 3. 处理或更换 ZN 辅助触头 4. 更换中间继电器吸合线圈 5. 处理或调换触点 6. 更换熔体（检查短路点） 7. 检查处理及调整
真空断路器电动、手动合闸均拒合	1. 齿轮啮合不好 2. 门闭锁未到位 3. 故障继电器触点损坏 4. 断路器控制板无电 5. JH2、FK1 触点损坏 6. 手分连杆是否抵着手分按钮 7. 锁扣机构问题	1. 调整、更换 2. 检查调整 3. 更换 K3 4. 检查（110 V，RD）并处理 5. 更换、调整 6. 调整处理手分连杆 7. 处理或更换
手动分闸正常、电动故障分闸不分	1. 电分按钮接触不良 2. K1－1 不闭合 3. FK1 损坏 4. JH2－1、JH2－2 不闭合 5. TQ 线圈断线 6. R2 开路	1. 处理或更换 2. 更换 K1 3. 更换 4. 更换调整 5. 处理或更换 6. 检查处理

表 4-2（续）

常见故障	故障原因	处理方法
真空断路器手动、电动均拒分	1. 分闸弹簧松，分闸力量变小 2. 四连杆机构长凸轮抵住连杆 3. 连杆机构下端滑轮与半凹槽机构摩擦力太大，无滑动	1. 调整或更换 2. 调整连杆 3. 打磨凹槽
更换新 PLC 后无法复位，送不上电	未输入正常参数	输入新参数并复位
显示屏背光灯亮、不显示或显示一半字	1. 信号干扰 2. 显示屏坏	1. 停电后重新合隔离开关 2. 更换
隔离开关严重发热	1. 刀闸、静触头烧损 2. 刀闸压簧退火	1. 更换刀闸、带静触头的接线柱 2. 更换压簧
低压熔芯烧断	线路有短路或电流过大	需检查短路点并处理后更换熔芯
显示屏响	按钮压住显示屏的功能键	适当调整显示屏位置
显示字，但背光灯不亮	设置了睡眠状态	按前面板功能键即可激活

三、BXB-800/1140(660)Y 型矿用隔爆型移动变电站用低压侧保护箱的操作及故障排除

（一）基本操作

1. 合闸

合闸时，在确认移动变电站无故障状态下，必须关闭低压侧保护箱前门，先合高压侧隔离开关，再电动或手动对真空断路器进行合闸，高压侧合闸完成后，顺时针旋出低压侧闭锁杆，用手扳动低压侧指针式转换开关，将其打到“合”位，此时负载启动，完成合闸。

2. 分闸

分闸时，先用手扳动低压侧指针式转换开关，将其打到“分”位，逆时针转动闭锁杆，使其旋入转换开关的开口槽里，待闭锁杆与前门完全脱离后，前门才能打开，闭锁接点 BK 闭合，信号通过3、4 号线送入高压侧 PLC，PLC 迅速输出一开关信号，使高压侧真空断路器跳闸，同时液晶显示屏显示“低压保护动作”。

（二）安装及试验

1. 安装

（1）安装前应在地面仔细检查低压综合保护箱各部位及隔爆面是否完好，有无因运输造成的损伤，内部插头、紧固件是否有松动，上述故障处理后方可进行安装。

（2）安装前应进行必要的绝缘试验：用 2500 V 兆欧表进行摇测，绝缘值不应小于 10 MΩ，有条件的地方应进行工频耐压试验（试验前打开前门解除电压互感器 TB1 和主回路，拔下保险管和综合保护器控制线插头）。

（3）安装程序如下：

① 用起重设备吊起本装置，抽出后方法兰内的3条母线及7芯信号线（图4-14），穿好上角2条螺栓，整体移向变压器相应法兰口。

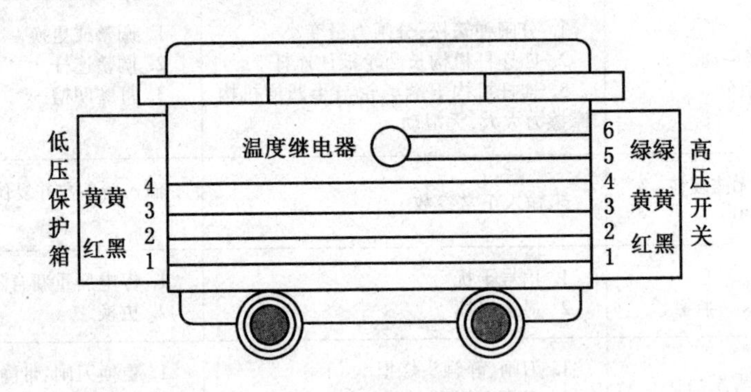

图4-14　移动变电站信号线连接图

② 接信号线入变压器7芯接线柱，2条红黑线接1、2号端子，为AC110 V电源线；黄色线接3、4号端子，为控制线。不得接错，否则将造成保护器元件的损坏。

③ 接3条母线电缆入相应端，注意压平弹簧垫并确认紧固，以防止松动造成打火或接触电阻过大。

④ 对平法兰口旋入预穿2条螺栓到适当位置（不能造成电缆和信号线的损伤），穿入其他螺栓并保证孔位平滑旋入，放松起吊线缆，旋紧螺栓。

⑤ 用0.3 mm塞尺检查防爆间隙，完成安装。

注意：1140 V/660 V电压转换（除3300 V以外），在确定低压侧输出电压后，把主板上相应的拨钮（电压选择开关）打到相应电压值的位置上。

2. 试验

（1）漏电试验：需要做漏电试验时，按漏电试验按钮，AC110 V通过1、2号端子给K5供电，则漏电继电器K5得电，K5得电后其辅助触点K5-1断开，主接地极和辅助接地极不再是同一点，常开点K5-2闭合，把漏电试验电阻接入漏电试验回路，具体过程如下：

按下漏电试验按钮，漏电试验继电器K5得电，K5得电后其辅助触点K5-1断开，常开点K5-2闭合，电流由A/D模块的V2端流出，经漏电单元、主接地极Zd、辅助接地极Fd、辅助点K4-2（此时闭合）、2个漏电试验电阻R、电缆线、三相电抗器SK、零序电抗器LK和检漏单元中的取样电阻流回电源负极，构成回路，经A/D转换后送入PLC内部，PLC分析、判断，输出使高压开关和低压保护箱都相应跳闸，在低压液晶显示屏上显示相应的故障，在高压液晶显示屏上则显示低压保护动作。

（2）低压侧保护箱的其他有关试验方法与KBG-250/6Y型高压真空开关相同。

（三）使用操作及操作说明

1. 使用操作

（1）高压侧隔离开关合闸后，系统首先进行自检，正常状态下自检完毕后显示运行界面。

（2）保护箱人机屏显示正确后进行参数整定，复位待机。

（3）保护箱人机屏显示漏电闭锁界面时，保护箱不能复位。排除线路漏电故障并复位后方可进行送电操作。

（4）保护箱右侧电气闭锁转盘指针在合闸位置时，高压断路器可以进行合闸操作。

（5）低压侧分断高压配电装置电源：按下保护箱电分按钮（高压断路器在合闸状态时），高压侧断路器立即分闸。

（6）正常运行漏电跳闸后，人机屏显示漏电故障界面，直至排除线路漏电故障并复位后方可进行送电操作。

（7）前门闭锁螺杆主要控制高压侧断路器分合闸操作，即开门时高压侧断路器不能送电合闸，前门闭合后必须旋紧闭锁螺杆，才能操作高压侧断路器分合闸。

（8）远控分闸接线接在内部七芯接线柱 2、3 接线端，主要用于输出开关状态接点信号控制断路器使其分断。

2. 操作说明

（1）5 m 辅助接地：由于本保护箱为大容量移动变电站配套装置，因此漏电补偿电路采用小于或等于 1000 m 的固定补偿方案，辅助接地线缆接在右出线腔内相应端子上，末端在大于或等于 5 m 处可靠接地，不可接设备外壳。

（2）漏电试验主要通过 PLC 及漏电检测单元实现漏电保护的自检。

（3）保护电源开关（保护箱右下侧分合转盘）主要控制来自高压侧电压互感器 AC110 V 电源，关断时保护继电器闭锁，高压真空断路器不能合闸。

（4）前门闭锁螺杆主要控制电源开关的操作，即开门时不能送电合闸，前门闭合后必须旋紧闭锁螺杆，才能闭合电源开关。

（5）按过载、短路、漏电等试验按钮时，人机屏显示相应的故障界面，按复位按钮后方可返回正常界面。

（6）后备跳闸远控接线口内部为七芯接线柱，主要用于输出开关状态、接点信号，控制断路器失压电磁铁回路使断路器分断。

（四）常见故障排除

（1）高压侧真空断路器电动合闸拒合。

原因分析：电气闭锁转盘指针在分闸位置、控制线路故障或故障未复位，需将电气闭锁转盘指针旋转至合闸位置、检修控制线路或故障复位。

（2）过载、短路、漏电、欠压、过压等保护工作不正常。

原因分析：主回路故障、信号采样线路故障、漏电单元及电抗器故障或 PLC 综合保护器故障，需检查主回路、信号采样线路、漏电单元及电抗器或更换 PLC。

（3）低压熔芯烧断。

原因分析：线路有短路或漏电单元损坏，需检查短路点或更换漏电单元。

（4）启动或停车时漏电跳闸。

原因分析：低压侧保护箱漏电部分有故障或漏电延时时间不当，需维修保护箱或增加漏电延时时间。

（5）低压试验不漏电。

原因分析：试验不漏电，说明无取样检测信号，没有形成电流回路是主要原因。根据漏电原理分析可能的原因有：①无 5 m 辅助接地；②无交流 50 V 电源；③地与 18 号端子之间无直流 50 V；④试验电阻阻值大于 20 kΩ 或开路；⑤检测器件不通或检测板损坏；⑥17、18 号端子信号没送入 PLC。

（6）出现漏电，复不了位。

原因分析：可根据解决漏电的 4 步骤查找故障。4 个步骤是：①接地电容 C4 漏电；②试验电阻一端接地；③1140 V/12 V 变压器高压漏电绝缘值低；④输出线短接或负荷漏电；⑤检测板损坏或无插件或有水珠。

（7）不带负荷，高压送电后低压绝缘值低或出现漏电闭锁。

原因分析：此种故障比较特殊，说明漏电与高压有关，解除 20、21 号线若不漏电，说明与 1140 V/12 V 变压器有关，更换 1140 V/12 V 变压器。此种情况与低压变压器受潮有关。

（8）送电瞬间或停电时出现漏电故障跳闸。

原因分析：这种情况说明漏电与停送电有关。停送电时，由于断路器的真空管三相同期性差导致零序电压存在，经直流检测回路到大地形成通路，由 17、18 号线输入 PLC 而保护动作。解决此种问题的方法是更换真空管或增加漏电延时时间 0. 1 ~ 0. 2 s。

（9）低压侧液晶屏无故障显示、高压侧显示低压保护动作送不上电。

原因分析：一是高低压连锁控制线闭合，有信号送入高压 PLC，低压无故障显示，说明低压 PLC 没保护输出，造成的原因则是黄线短路；二是低压侧门闭锁开关在分闸位置；三是门闭锁错位连通。

四、KBSGZY 型移动变电站实训

1. 训练准备

（1）分组准备。在实习指导教师的组织下，由实习学生参与，根据场地及工位情况将全体人员分成若干小组并指定小组负责人。

（2）场地、设备及材料准备。在实习指导教师的指导下，由实习学生参与进行实习场地的整理、实习设备的布置及材料的分发。

（3）仪器、仪表及电工工具准备。在实习指导教师的指导下，由实习学生参与进行实习用的仪器、仪表的布置或分配及电工工具的分发。

2. 干式变压器器身检查

熟悉检查范围及内容标准。在实习指导教师的指导下，依据检查项目内容，逐项检查其是否符合标准要求。

3. 分合闸操作

（1）KBG－250/6Y 型矿用隔爆型移动变电站用高压开关分合闸操作。在实习指导教师的许可和监护下进行操作。

（2）BXB－800/1140(660)Y 型矿用隔爆型移动变电站用低压侧保护箱的使用操作。在实习指导教师的监护下进行操作。

4. 简单故障排除

1）故障信息收集

（1）询问故障时现场人员是否听到或看到有关的异常现象，如出现声响、火花等。

（2）详细查看故障设备外部和内部有无烧焦、脱落、裂痕、缺陷等异常状况。

（3）在实习指导教师的许可和监护下，送电（允许的话）进一步查看故障现象及收集相关信息。

（4）将收集到的故障信息进行分类，并详细记录。

2）故障分析

在实习指导教师的指导下，学生根据故障现象进行分析排查。

（1）针对所出故障的各种现象和信息进行原因分析，明确造成该故障的各种可能情况，并一一列出来。

（2）先在电路图中标出故障范围，对照实物，列出可能的故障元件或故障部位。

（3）根据 KBSGZY 型移动变电站的情况及故障元件或故障部位出现的频率及查找的难易程度，明确查找故障元件或故障部位可能的顺序。

3）确定故障点，排除故障

经实习指导教师检查同意后，学生根据自己对故障原因的分析进行故障排除。

（1）依照查找故障可能的顺序，选用正确的仪表、工具逐一排查，直到检查出故障元件或故障部位。

（2）若带电操作，必须在指导教师的许可和监护下按照操作规程进行。

（3）选用正确的方法及合适的仪器、仪表、工具更换或修复电气元件等，排除故障。

（4）在故障排除过程中，要规范操作，严禁扩大故障范围或产生新的故障。

4）排除故障后通电试运行

故障排除后，要在实习指导教师的许可和监护下送电试运行，以观察运行情况，确认故障已排除。

5. 清理现场

操作完毕，在指导教师的监护下，关闭电源，拆线。收拾工具器材、仪表及设备，整理工作场所，并请指导教师验收。

学习任务五　井下电气作业培训考核系统（广联科技仿真系统）

【学习目标】

（1）掌握井下低压电气设备停送电安全操作（K1）。

（2）掌握井下风电、甲烷电闭锁接线安全操作（K2）。

（3）掌握井下电气保护装置检查与整定安全操作（K3）。

（4）掌握井下电缆连接与故障判断安全操作（K4）。

（5）掌握井下变配电运行安全操作（K5）。

（6）掌握井下电气设备防爆安全检查（K6）。

【建议课时】

24 课时。

【工作情景描述】

井下电气作业人员工作场所环境恶劣，变化大，危险性高，极易发生较大伤亡事故。井下电气作业人员技能熟练与否，安全意识强烈与否，直接关系到煤矿的安全生产。因而对井下电气作业人员进行培训，提高操作者的岗位技能和安全意识，做到持证上岗，是避免和减少事故的前提和基础，也是保证煤矿安全生产，降低事故概率的重要措施。

学习活动1　明确工作任务

【学习目标】

（1）掌握（K1－K6）相关安全基础知识。

（2）熟练掌握（K1－K6）的相关操作技能。

【建议课时】

8 课时。

一、明确工作任务

虽然仿真系统中的场景与实际工作场景有一定的差异，其操作依靠鼠标、连接线、面板插孔及按钮等来完成，与实际操作的差别较大，但是，其操作过程、顺序、要求及注意事项与实际操作完全一致，通过仿真系统的操作训练，有利于提升井下电气作业人员岗位技能。

二、相关理论知识

（一）井下低压电气设备停送电

1. 安全用电作业制度

1）工作票制度

凡井下高压电气设备的检修都要使用工作票。工作票分3种：第一种工作票、第二种工作票、第三种口头或电话命令。

在工作期间，工作票应始终保留在工作负责人手中，工作结束后交工作票签发人保存3个月。

事故紧急处理可以不填工作票，但应履行许可手续，做好安全措施。

2）工作许可制度

对地面变电站电源进线及与进线有关的电气设备进行操作检修时，必须得到主管部门调度的批准；对地面和井下高压电气设备操作检修时，必须经矿生产调度的许可方可进行。

许可开始的命令，必须通知到工作负责人，其方式可采用当面通知、电话传达、派人传递等。

3）高压倒闸、试验操作票和工作监护制度

高压倒闸操作和高压试验必须执行操作票和工作监护制度，必须由两人执行，其中一人监护一人操作。由对操作现场和设备比较熟悉、级别较高的人做监护人；特别重要和复杂的倒闸操作，应由熟练的值班员操作，由值班班长或值班负责人监护。进行倒闸操作时，应由操作人填写操作票。操作票中应写明被操作线路编号和操作顺序，停电拉闸必须按断路器→负荷侧隔离开关→母线（电源）侧隔离开关的顺序依次操作，送电合闸操作顺序与此相反。

在进行高压试验时，应由两人执行，一人操作，一人监护。专职监护人员不得兼做其他工作。

检修、操作高压电气设备的整个过程中，监护人必须始终在现场监护。

4）停送电制度

井下不得带电检修或搬迁电气设备、电缆和电线。检修或搬迁前，必须切断电源，检查瓦斯。在无人值班的变电所，停电后应设专人看守。严禁约时停、送电，严禁约定信号停、送电。

5）验电、放电、接地、挂牌制

（1）停电后验电前，应先检查周围的甲烷浓度，当甲烷浓度低于1%时，用与电源电压相适应的验电笔验电。

（2）当验明确实停电后，先用短路接地线接地，然后将被检修的设备、导线三相短路对地放电。

（3）工作前，应将电气设备的闭锁装置锁好，并挂上“禁止合闸，有人工作”的警示牌。

6）工作中防止送电的措施

（1）高压防爆配电装置停电后，必须把开关拉出，使插销脱离电源。拔出插销后，电源侧要用专用的挡板挡住，以防触电和误推入开关。

（2）可能从两侧送电的设备，必须可靠地断开各方电源，拔出插销或拉开刀闸。

（3）低压防爆开关在开盖进行检修时，严禁解除闭锁，不盖盖进行送电试验或进行其他带电检查工作。

2. 正确使用劳动保护用品进行个人防护

1）过滤式自救器的使用方法

（1）取下乳胶防尘套。

（2）扳断封口条，用拇指扳起开启扳手，用力将红色小封口条拉断。

（3）拉开封口带，用拇指和食指握住开启扳手，拉开封口带。

（4）扔掉上部外壳。

（5）取出过滤罐。

（6）咬口具，将口具片置于唇与牙床中间，咬住牙垫，闭紧嘴唇。

（7）上鼻夹，将鼻夹夹在鼻翼上，用嘴呼吸。

（8）摘下矿工帽，戴好自救器头带。

2）对入井人员服装的要求

入井人员严禁穿化纤衣服，入井前穿戴整齐，戴好安全帽；胶靴穿好后，裤口要放在胶靴内；矿灯要和自救器用灯带系好挎在腰部，不得背在肩上或用手拎着，工作中矿灯要戴在安全帽上，不能拿在手中进行作业（行走时例外）。

3. 正确使用安全用具保证工作安全

1）高压绝缘棒

高压绝缘棒又称令克棒，用来闭合或断开 35 kV 及 35 kV 以下的高压跌落式熔断器及隔离开关，以及用于进行测量和试验工作。高压绝缘棒由工作部分、绝缘部分和手柄部分组成（图 5 - 1）。工作部分是由金属或强度较大的材料制成的钉钩子，其长度一般为 5 ~ 8 cm，以便操作时套入熔丝管及隔离开关的操作环内。绝缘部分和手柄由浸渍过绝缘漆的木材、硬塑料、玻璃钢等绝缘性能好的材料制成，其长度有一定的要求，当额定电压在 10 kV 及以下时，绝缘部分的最小长度不应小于 1.1 m，手柄长度不应小于 0.4 m。

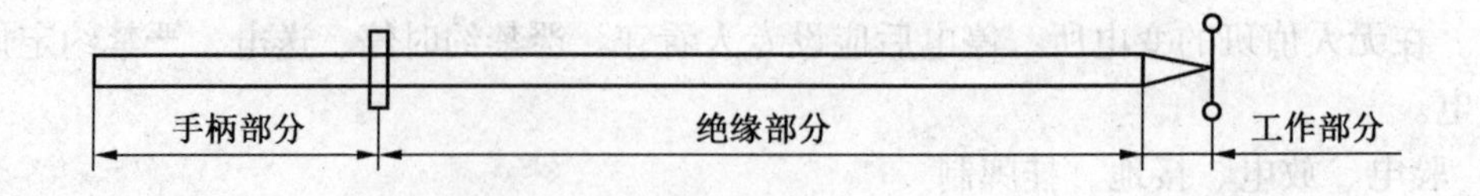

图 5 - 1　高压绝缘棒

使用前应确定绝缘棒是否符合设备额定电压，是否在试验有效期限内，检查有无损伤、油漆有无损坏等。操作时应配合使用绝缘手套、绝缘靴等辅助安全工具。

高压绝缘棒应垂直存放在支架上或吊挂在室内。无特殊防护装置的高压绝缘棒不允许在下雨或下雪时进行室外操作。高压绝缘棒需定期作预防性试验，周期半年。

2）绝缘手套

绝缘手套的长度至少应超过手腕 10 cm，在使用前应仔细检查，如发现有任何破损不应使用。绝缘手套须每半年做一次绝缘试验。

3）绝缘胶靴

（1）在使用前必须仔细检查，如发现有任何破损不应使用。

（2）作业时应将裤口套入靴筒内，勿与各种油脂、酸、碱等有腐蚀性物质接触，且应防锋锐金属的机械损伤。

（3）穿用时应随时注意鞋底磨损情况，若鞋底花纹磨掉后则不应使用。

（4）根据国家标准规定，绝缘胶靴使用日期超过 24 个月后必须按预防性试验要求逐只检验其绝缘性能，检验符合要求方可继续使用，试验周期半年。

4. 常用工具及仪表

1）验电器

（1）低压验电器，又称试电笔。使用低压验电器时，必须按照正确方法进行操作，以手指触及尾部的金属体，使氖管小窗背光朝向自己，便于观察。要防止金属探头部分触及皮肤，以避免触电。操作时验电器应逐渐靠近被测导体，不可向四周过多倾斜，防止触电。

（2）高压验电器。高压验电器在使用时，必须戴上符合耐压要求的绝缘手套，并应特别注意手握部位不得超过护环。人体与带电体应保持足够的安全距离（10 kV 为 0.7 m 以上）。雨天不可在户外测验；不可一个人单独测验，身旁要有人监护。

井下使用的高、低压验电器须在地面测试完好，入井后妥善保护。

2）万用表

万用表是维修电工最常用的电工仪表之一，它是一种可以测量多种电量、具有多种量程的便携式仪表。常用的万用表有模拟式和数字式两种：模拟式万用表的特点是能把被测的各种电量都转换成仪表指针的偏转角，并通过指针偏转的大小显示出测量结果，因此也称为指针式万用表。数字式万用表则是把被测的各种电量先转换成数字量，然后以数字形式显示出测量结果。它们的用途基本相同，都是以测量电流、电压、电阻为主要目的，有的万用表还能够测量电容、电感、晶体管的 β 值，甚至频率、温度等。

（1）模拟式万用表的使用：

① 使用之前要调零。为了减小测量误差，在使用模拟式万用表之前要先进行机械调零。在测量电阻之前，还要进行欧姆调零。

② 要正确接线。万用表面板上的插孔和接线柱都有极性标记。使用时将红表笔与“+”极性插孔相连，黑表笔与“*”或“-”极性插孔相连。测量直流量时，要注意正、负极性，以免指针反转。测量电流时，仪表应串联在被测电路中；测量电压时，仪表要并联在被测电路两端。在用万用表测量晶体管时，应牢记万用表的红表笔与表内部电池的负极相接，黑表笔与表内部电池的正极相接。

③ 要正确选择测量挡位。测量挡位包括测量对象和量程。测量电压时，应将转换开关转至相应的电压挡；测量电流时，应将转换开关转至相应的电流挡等。如误用电流挡去测量电压，会造成短路事故而使仪表损坏。选择电流或电压量程时，最好使指针处在标度

尺三分之二以上的位置；选择电阻量程时，最好使指针处在标度尺的中间位置。这样做的目的是为了尽量减小测量误差。测量时，当不能确定被测电流、电压的数值范围时，应先将转换开关转至对应的最大量程，然后根据指针的偏转程度逐步减小至合适的量程。

注意：严禁在被测电阻带电的情况下用欧姆挡去测量电阻！否则外加电压极易造成万用表的损坏。

④ 要正确读数。在万用表的表盘上有许多条标度尺，分别对应于不同的测量对象，所以测量时要在相应的标度尺上读数，同时应注意标度尺读数和量程的配合，避免出错。

⑤ 要注意操作安全。在进行高电压测量或测量点附近有高电压时，一定要注意人身和仪表的安全。在进行高电压及大电流测量时，严禁带电切换量程开关，否则有可能损坏转换开关。

另外，万用表用完之后，最好将转换开关置于空挡或交流电压最高挡，以防下次测量时由于疏忽而损坏万用表。

（2）数字式万用表的使用。

尽管目前国内外生产的数字式万用表型号不同，整机电路也各不相同，但基本工作原理大同小异。数字式万用表主要由数字式电压基本表、测量线路、量程转换开关三部分组成。数字式电压基本表是数字式万用表的核心，它相当于指示类仪表的测量机构。测量线路的作用是将被测的各种电量和电参量转换为微小的直流电压，供数字式电压基本表显示数值。量程转换开关的作用是当其置于不同位置时，可接通不同的测量线路。

① 使用数字式万用表之前，应仔细阅读使用说明书，熟悉面板结构及各旋钮、插孔的作用，以免使用中发生差错。

② 测量前，应校对量程开关位置及两表笔所插的插孔，无误后再进行测量。

③ 测量前若无法估计被测量大小，应先用最高量程挡测量，再视测量结果选择合适的量程挡。

④ 严禁在测量高压或大电流时拨动量程开关，以防止产生电弧，烧毁开关触点。

⑤ 由于数字式万用表的频率特性较差，故只能测量 45 ~ 500 Hz 范围内的正弦波电量的有效值。

⑥ 严禁在被测电路带电的情况下测量电阻，以免损坏仪表。

⑦ 若将电源开关拨至“ON”位置，液晶显示器无显示，应检查电池是否失效，或熔断器是否烧断。若显示欠压信号，则需更换新电池。

⑧ 为延长电池使用寿命，每次使用完毕应将电源开关拨至“OFF”位置。长期不用的仪表，应取出电池，防止因电池内电解液漏出而腐蚀表内元器件。

5. 井下低压电气设备施工操作技术措施

（1）井下电气设备及线路施工时，必须切断上一级开关。

（2）指定专人停送电，且施工负责人联系停送电工作（电话或口头），严格执行“谁停电、谁送电”制度，严禁约时停送电。

（3）停电后，操作人员必须将开关闭锁，开关的闭锁装置必须可靠。

（4）闭锁后操作人员将“有人工作、禁止合闸”的警示牌悬挂在开关手把（上一级）易于观察的部位，或在现场看护。

（5）施工人员必须配备便携式瓦斯检测仪，并在打开电气设备前，首先检查瓦斯浓度。只有在瓦斯浓度不超过1.0%时，方可打开电气设备。

（6）操作人员必须保证其验电笔完好，不得携带损坏的验电笔或不配验电笔。在验电前必须确认其验电笔的电压等级与被测电压等级相符。

（7）验电时应对导体的三相分别进行检测。

（8）施工结束后，由负责人进行检查确认，全部工作结束并清点完工具后方可联系送电工作。

（9）严禁打开设备接线腔进行试运转（不成功需检修时应严格按照《操作规程》执行）。

（10）试车正常后，由负责人向单位值班室和矿调度汇报；由负责人填写检修记录设备运行状态。

（二）井下风电、甲烷电闭锁

1. “三专两闭锁”规定及作用

《煤矿安全规程》规定，高瓦斯、突出矿井的煤巷、半煤岩巷和有瓦斯涌出的岩巷掘进工作面正常工作的局部通风机必须配备安装同等能力的备用局部通风机，并能自动切换。正常工作的局部通风机必须采用三专（专用开关、专用电缆、专用变压器）供电，专用变压器最多可向4个不同掘进工作面的局部通风机供电；备用局部通风机电源必须取自同时带电的另一电源，当正常工作的局部通风机故障时，备用局部通风机能自动启动，保持掘进工作面正常通风。

使用局部通风机供风的地点必须实行风电闭锁和甲烷电闭锁，保证当正常工作的局部通风机停止运转或者停风后能切断停风区内全部非本质安全型电气设备的电源。正常工作的局部通风机故障，切换到备用局部通风机工作时，该局部通风机通风范围内应当停止工作，排除故障；待故障被排除，恢复到正常工作的局部通风后方可恢复工作。使用2台局部通风机同时供风的，2台局部通风机都必须同时实现风电闭锁和甲烷电闭锁。

1）三专供电的作用

对掘进工作面局部通风机实行三专供电，能够保证供电的可靠性、连续性，可以不间断地向掘进工作面通风。

2）风电闭锁

风电闭锁是用控制局部通风机的电磁起动器闭锁掘进工作面电气设备的供电，实现先通风后送电，风机停转时，掘进工作面电源也同时被切断。

风电闭锁的作用：保证掘进工作面动力设备工作前，局部通风机先工作；由于任何原因使局部通风机停止工作时，切断掘进工作面动力设备的电源；防止由于电火花、机械火花引起瓦斯爆炸。

3）甲烷电闭锁

甲烷电闭锁由甲烷探头、监控分站、断电仪和电源开关构成，当甲烷探头测得甲烷浓度超限时，其常开接点K1闭合；接通断电仪电源，其常开接点K2闭合；接通高压开关内的脱扣线圈TQ电路，使高压开关切断掘进工作面电源，实现甲烷电闭锁（图5-2）。

甲烷电闭锁的作用：当甲烷浓度达到1%时，甲烷监控器发出报警；当甲烷浓度达到

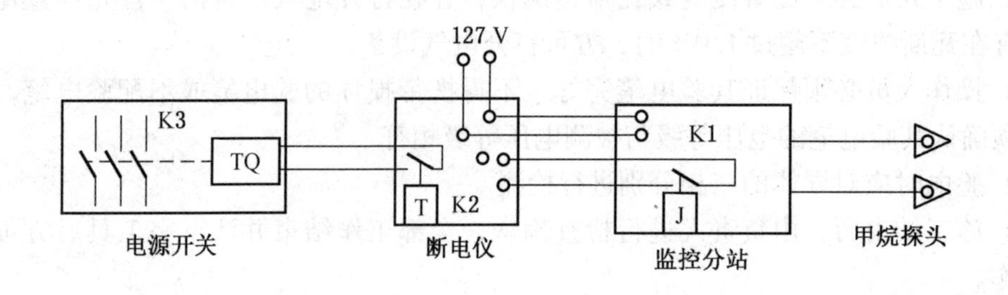

图5－2　甲烷电闭锁原理图

1.5%时，立即切断掘进工作面的电源并闭锁，以免因电火花、机械火花引起瓦斯爆炸。《煤矿安全规程》第一百七十三条规定：采掘工作面及其他作业地点风流中甲烷浓度达到1.0%时，必须停止用电钻打眼；爆破地点附近20 m以内风流中甲烷浓度达到1.0%时，严禁爆破。

采掘工作面及其他作业地点风流中、电动机或者其开关安设地点附近20 m以内风流中的甲烷浓度达到1.5%时，必须停止工作，切断电源，撤出人员，进行处理。

采掘工作面及其他巷道内，体积大于0.5 m^3 的空间内积聚的甲烷浓度达到2.0%时，附近20 m内必须停止工作，撤出人员，切断电源，进行处理。

对因甲烷浓度超过规定被切断电源的电气设备，必须在甲烷浓度降到1.0%以下时，方可通电开动。

2. "三专两闭锁"的安全使用和管理

掘进工作面的"三专两闭锁"必须指定专人负责使用、维护、清扫，防止煤尘堆积。他人不得乱动。

（1）掘进工作面或回风流中的甲烷浓度达到1.5%或1%时，闭锁装置能切断掘进工作面及回风巷内的电气设备动力电源并闭锁。

（2）串联通风工作面入风流中甲烷浓度达到0.5%时，闭锁装置能切断串联通风区域内的电气设备动力电源并闭锁。

（3）当排出掘进工作面积聚瓦斯，使工作面回风流与全风压风流混合处甲烷浓度达1.5%时，装置能切断回风区域内的电气设备动力电源并闭锁，同时发出声光报警信号。

（4）局部通风机风筒中的风速过低或局部通风机断电时，装置能切断供风区域内的电气设备动力电源并闭锁。

（5）局部通风机停止运转，停风区域内甲烷浓度达到3%以上时，装置能闭锁局部通风机电源，需人工解锁，方可启动局部通风机。

（6）甲烷传感器故障或断电时，装置能切断传感器监视区域内的电气设备动力电源并闭锁。

（7）因主机发生故障而失电时，装置能切断整个监视区域的电气设备动力电源并闭锁。

（8）装置接通电源1 min内，继续闭锁相应区域内的被控设备电源。

(9) 装置实现了上述 (4) ~ (8) 条功能后，如果恢复到正常状态或故障设备恢复正常并达到稳定运行后，装置自动解锁。

(10) 必须使用专用工具方可通过装置对局部通风机进行解锁，不允许对已闭锁的电气设备动力电源进行人工解锁。

(11) 主、备局部通风机闭锁应满足：当主局部通风机停止运转时，备用局部通风机必须自动开启；备用局部通风停止运转时，主局部通风机只允许人工开启；当双电源同时掉电再恢复送电时，主、备局部通风机均在待机状态，只允许人工启动。

(12) 每周校准 1 次甲烷传感器的"零点"和"灵敏度"，检查风筒传感器和设备开/停传感器的安装位置及工作是否正常。

(13) 安装地点需要改变时，应对装置重新进行调试、复查和调整，以保证其运行正常。

(14) 主机圆法兰、接线柱、前端盖及甲烷传感器催化元件座都是防爆接合面，使用、维护时应注意保护。

(15) 在使用和维护中不得改变电气参数及元件的规格型号。

(16) 当本装置保险丝烧断时，用相同容量的熔丝更换，不得以大代小使用。

(17) 主机指示灯选用的是 6.3 V/0.3 A 的小型螺口灯泡。更换时，先将指示灯压盖拆下用手拿住灯座，将压盖连同灯套一起旋下。新灯泡换上后，旋上灯套、压盖，再把压盖螺钉紧固好。

3. 掘进工作面恢复供电的规定

(1)《煤矿安全规程》第一百六十五条规定：使用局部通风机通风的掘进工作面，不得停风；因检修、停电、故障等原因停风时，必须将人员全部撤至全风压进风流处，并切断电源，设置栅栏、警示标志、禁止人员入内。

第一百七十六条规定：局部通风机因故停止运转，在恢复通风前，必须首先检查瓦斯，只有停风区中最高甲烷浓度不超过 1.0% 和最高二氧化碳浓度不超过 1.5%，且局部通风机及其开关附近 10 m 以内风流中的甲烷浓度都不超过 0.5% 时，方可人工开启局部通风机，恢复正常通风。

(2) 低瓦斯矿井的掘进巷道中，当甲烷浓度超过 1.5% 时，应切断掘进巷道内全部电气设备的电源；当甲烷浓度小于 1.0% 时，方可恢复供电。

(3) 高瓦斯矿井的掘进巷道中，当甲烷浓度超过 1.0% 时，应切断掘进巷道内全部电气设备的电源；当甲烷浓度小于 1.0% 时，方可恢复供电。

(4) 采用串联通风的被串掘进工作面局部通风机前甲烷浓度超过 0.5% 时，应切断被串掘进工作面巷道内全部电气设备的动力电源；当甲烷浓度小于 0.5% 时，方可恢复供电。

(5) 掘进机附近甲烷浓度超过 1.5% 时，应切断掘进机电源；当甲烷浓度小于 1.0% 时，方可恢复供电。

(三) 井下电气保护装置检查与整定

1. 漏电保护

《煤矿安全规程》第四百五十三条规定：矿井 6000 V 及以上高压电网，必须采取措施限制单相接地电容电流，生产矿井不超过20 A，新建矿井不超过10 A。

井上、下变电所的高压馈电线上，必须具备有选择性的单相接地保护；向移动变电站和电动机供电的高压馈电线上，必须具有选择性的动作于跳闸的单相接地保护。

井下低压馈电线上，必须装设检漏保护装置或者有选择性的漏电保护装置，保证自动切断漏电的馈电线路。

每天必须对低压漏电保护进行1次跳闸试验。

1）漏电的危害

当人体触及一相带电导体或漏电设备外壳流经人身的电流超过30 mA · s时，就有触电伤亡的危险。当漏电电流的电火花能量达到点燃瓦斯、煤尘的最小能量时，可能引起瓦斯、煤尘爆炸。长期漏电，会使绝缘发热、老化，还可能烧毁电气设备，引发相间短路和电气火灾事故。此外，如果漏电发生在爆破作业地点附近，由于漏电电流在它流经的路径上会产生电压降，当电雷管两端的引线接触漏电路径上具有电位差的两点时，可能造成电雷管提前引爆。由此可见，漏电故障的危害是十分严重的，必须采取漏电保护措施。

2）漏电的原因

井下电网尤其是低压电网的工作环境恶劣，电网对地绝缘容易遭受破坏，会经常发生漏电故障。井下发生漏电故障的主要原因有：

（1）运行中的电缆或电气设备受潮或进水，使绝缘电阻下降。

（2）电气设备或电缆长期过负荷运行使绝缘老化。

（3）电缆与电气设备的连接不符合要求，造成接头松动脱落碰触金属外壳。

（4）橡套电缆的连接不符合要求，出现“鸡爪子”“羊尾巴”和明接头，并受潮气侵入。

（5）用金属丝吊挂橡套电缆，使其嵌入绝缘层内接触芯线。

（6）接线时，将导电芯线与地线接错。

（7）橡套电缆被炮崩或受挤、压、拉、砸、砍等机械作用而使护套绝缘破损。

（8）电缆因长期过度弯曲而产生裂口或缝隙，运行中受潮气或淋水侵入。

（9）带电作业，人体接触一相带电导体。

（10）在电气设备内随意增添电气元件，或检修时将工具等导体留在设备内，使电气间隙小于规定值，导致一相对外壳放电。

（11）操作电气设备时产生弧光对地放电。

（12）出现严重过电压，击穿电缆或电气设备的对地绝缘。

3）漏电保护装置的作用

连续监视电网对地的绝缘状态，当人体触及一相带电体或电网发生漏电时迅速切断电源，防止漏电事故发生。

4）漏电装置的漏电保护方式

（1）附加直流电源漏电保护。漏电保护采用附加直流电源，在开关合闸后对带电电网进行绝缘监测，当电网对地绝缘电阻低于动作值时，开关跳闸停止供电，起保护作用。

在变压器中性点不接地电网中，很容易检测到电网各相对地的绝缘电阻值。若在三相电网与大地之间附加一独立的直流电源，则在三相对地绝缘电阻上将有一直流电流流过，该电流的大小直接反映了电网对地绝缘电阻的高低。附加直流电源漏电保护就是通过检测该电流来实现漏电保护的。

漏电保护装置的动作电阻值是以网络允许最低绝缘电阻为基础确定的。当低压电网对地总的绝缘电阻下降到对人体触电有危险的程度时，漏电保护装置动作跳闸，切断电源。这个对人体触电有危险的电网最低绝缘电阻值，即为漏电保护装置的动作电阻值。

（2）选择性漏电保护。在变压器中性点不接地的放射式电网中，可以安装选择性漏电继电器。选择性漏电保护具有横向选择性，弥补了漏电保护的不足，即只切断漏电故障支路的供电电源。

由变压器中性点不接地电网分析可知：当电网正常运行时，各相对地电压对称，电网无零序电压，也无零序电流；当电网发生不对称漏电时，各相对地电压不再平衡，电网出现零序电压，因而必有零序电流。选择性漏电保护的原理就是利用零序电流实现不对称漏电保护的

（3）漏电闭锁。漏电闭锁是指在开关合闸前对电网进行绝缘监测，当电网对地绝缘电阻低于规定的漏电闭锁动作电阻值时，使开关不能合闸，起闭锁作用。目前，漏电闭锁单元都是利用附加直流电源式保护原理检测对地绝缘电阻实现漏电闭锁功能的。

5）漏电保护装置的整定

对于电子漏电保护装置的整定，只要将其调整开关定位在与实际使用的电源电压相一致的挡位，即可实现动作电阻值的整定。

对于微电脑综合保护装置中漏电保护的整定，多数是通过设置电源电压来实现动作电阻值整定的。

6）漏电保护装置的维护与检修

（1）值班电气操作工每天必须对漏电保护装置的运行情况进行 1 次检查和跳闸试验，并做记录。检查、试验内容如下：

① 观察对地绝缘电阻数值是否正常。当 1140 V 电网绝缘电阻低于 50 kΩ、660 V 电网绝缘电阻低于 30 kΩ、380 V 电网绝缘电阻低于 15 kΩ、127 V 电网绝缘电阻低于 10 kΩ 时，应及时维护，设法提高电网绝缘电阻。

② 安装位置是否平稳可靠，周围清洁，无淋水。

③ 局部接地极与辅助接地极的安设是否良好。

④ 每天用试验按钮对漏电保护装置进行 1 次跳闸试验。对有选择性的漏电保护装置，各支路应每天做 1 次跳闸试验，总漏电保护装置每周做 1 次跳闸试验。

⑤ 检查外观防爆性能是否合格。

（2）每月至少应对检漏继电器进行 1 次详细检查和修理，除每天检查内容外，还应检查：

① 各处导线是否良好，有无破损及受潮。

② 闭锁装置和继电器是否灵活可靠。

③ 各处接头、触点是否良好，有无松动脱落和烧毁现象。

④ 内部元件、插件板、熔断器及指示灯有无松动、破损。

⑤ 补偿电感是否达到最佳补偿效果。

⑥ 检漏继电器的隔爆性能是否符合规定要求。

（3）首次投入运行前，在瓦斯检查工的配合下，对新安装的漏电保护装置做1次人工漏电跳闸试验。运行中的漏电保护装置，每月至少做1次人工漏电跳闸试验。有选择性的漏电保护装置做人工漏电跳闸试验时，总漏电保护装置应在分支开关断开后，在分支开关入口处做人工漏电跳闸试验，其余分路开关应分别做1次人工漏电跳闸试验。试验方法是：在最远端的控制开关的负荷侧按不同电压等级接入试验电阻（127 V电网用2 kΩ、10 W电阻；380 V电网用3.5 kΩ、10 W电阻；660 V电网用11 kΩ、10 W电阻；1140 V电网用20 kΩ、10 W电阻），关上门、盖后送电，观察馈电开关是否跳闸。如跳闸，说明漏电保护装置动作可靠。试验完毕后，拆除试验电阻。

（4）漏电保护装置每年上井进行1次检修。除对隔爆外壳修理外，其他项目应按照下井前有关检验的各种规定的内容进行检查和试验；对绝缘电阻较低、耐压试验不合格的漏电保护装置必须进行干燥处理，并更换不合格的零件。

（5）漏电保护装置的维护、检修及调试工作，应记入专门的漏电保护装置运行记录簿内。

2. 保护接地

1）保护接地装置的作用

为了减少人身触电电流和非接地电气设备相对地电流的火花能量，防止电气事故的发生，《煤矿安全规程》第四百七十五条规定：电压在36 V以上和由于绝缘损坏可能带有危险电压的电气设备的金属外壳、构架，铠装电缆的钢带（钢丝）、铅皮（屏蔽护套）等必须有保护接地。

当有保护接地时，人身触及设备外壳的触电电流只是入地电流的一部分。因为人体与接地极构成了并联，而人身电阻约为1000 Ω，接地网的接地电阻小于2 Ω，通过电阻并联与电流的关系，则通过人身的电流比较小，因而是安全的。

另外，有了保护接地极的良好接地，大大减少了因设备漏电使其外壳与地接触不良产生的电火花，从而减少了引起瓦斯、煤尘爆炸的可能性。

2）井下保护接地网

《煤矿安全规程》第四百七十七条规定：所有电气设备的保护接地装置（包括电缆的铠装、铅皮、接地芯线）和局部接地装置，应当与主接地极连接成1个总接地网。

井下保护接地网（或称总接地网）是利用供电的高、低压铠装电缆的金属外皮和橡套电缆的接地芯线，把分布在井下中央变电所、井底车场、运输大巷、采区变电所及工作面配电点的电气设备的金属外壳在电气上连接起来所形成的保护接地系统。这样，就使埋设在各处的接地极并联起来，不仅降低了接地电阻值，而且防止了不同设备、不同相同时碰外壳所带来的危险。

3）《煤矿安全规程》对井下保护接地的要求

（1）对主接地极的要求。《煤矿安全规程》第四百七十七条规定：主接地极应当在主、副水仓中各埋设1块。主接地极应当用耐腐蚀的钢板制成，其面积不得小于0.75 m^2、厚度不得小于5 mm。在钻孔中敷设的电缆和地面直接分区供电的电缆，不能与井下主接地极连接时，应当单独形成分区接地网，其接地电阻值不得超过2 Ω。

（2）对局部接地极的要求。《煤矿安全规程》第四百七十八条规定，下列地点应当装设局部接地极：

① 采区变电所（包括移动变电站和移动变压器）。

② 装有电气设备的硐室和单独装设的高压电气设备。

③ 低压配电点或者装有 3 台以上电气设备的地点。

④ 无低压配电点的采煤机工作面的运输巷、回风巷、带式输送机巷以及由变电所单独供电的掘进工作面（至少分别设置 1 个局部接地极）。

⑤ 连接高压动力电缆的金属连接装置。

局部接地极可设置于巷道水沟内或者其他就近的潮湿处。设置在水沟中的局部接地极应当用面积不小于 0.6 m^2、厚度不小于 3 mm 的钢板或者具有同等有效面积的钢管制成，并平放于水沟深处。设置在其他地点的局部接地极，可以用直径不小于 35 mm、长度不小于 1.5 m 的钢管制成，管上至少钻 20 个直径不小于 5 mm 的透孔，并全部垂直埋入底板；也可用直径不小于 22 mm、长度为 1 m 的 2 根钢管制成，每根管上钻 10 个直径不小于 5 mm 的透孔，2 根钢管相距不得小于 5 m，并联后垂直埋入底板，垂直埋深不得小于 0.75 m。

（3）辅助接地极。

辅助接地极是为了检测漏电保护性能所装设的接地极。如检漏继电器、煤电钻综保、照明信号综保等具有漏电检测功能的设备都须装设辅助接地极，其规格尺寸同局部接地极，但其连接导线是截面不小于 10 mm^2 护套线。

（4）对接地母线和连接导线的要求。

《煤矿安全规程》第四百七十九条规定：连接主接地极母线，应当采用截面不小于 50 mm^2 的铜线，或者截面不小于 100 mm^2 的耐腐蚀镀锌铁线，或者厚度不小于 4 mm、截面不小于 100 mm^2 的耐腐扁钢。

电气设备的外壳与接地母线、辅助接地母线或者局部接地极的连接，电缆连接装置两头的铠装、铅皮的连接，应当采用截面不小于 25 mm^2 的铜线，或者截面不小于 50 mm^2 的耐腐蚀镀镁铁线，或者厚度不小于 4 mm、截面不小于 50 mm^2 的扁钢。

（5）其他要求。

《煤矿安全规程》第四百七十六条规定：任一组主接地极断开时，井下总接地网上任一保护接地点的接地电阻值，不得超过 2 Ω。每一移动式和手持式电气设备至局部接地极之间的保护接地用的电缆芯线和接地连接导线的电阻值，不得超过 1 Ω。

《煤矿安全规程》第四百八十条规定：橡套电缆的接地芯线，除用作监测接地回路外，不得兼作他用。

4）井下保护接地装置的安装

（1）主接地极的安装。

主接地极的构造及其安装示意图如图 5－3 所示。

安装主接地极时，应保证接地母线和主接地极连接处不承受较大的拉力，并应设有便于取出主接地极进行检查的吊环、吊钩和牵引装置。另外，接地极与其接地导线的连接必须采用焊接。要保证接地导线和接地母线之间的螺栓连接接触良好，并不承受过大的拉力。

（2）局部接地极的安装。

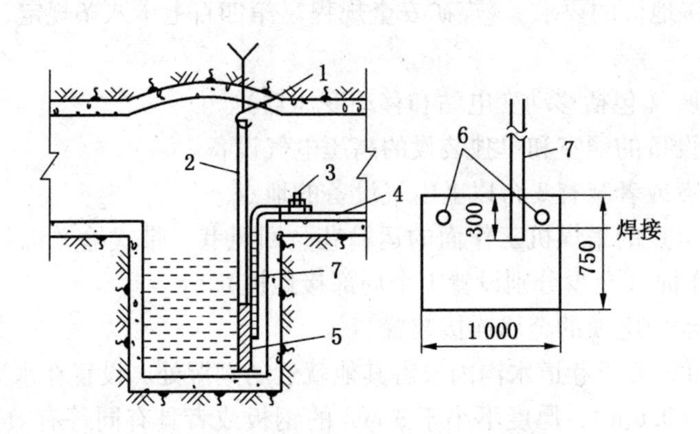

1—吊环；2—吊绳；3—连接螺栓；4—辅助母线；5—主接地极；6—吊绳孔；7—接地导线

图5-3　主接地极的构造及其安装示意图

钢板和角钢局部接地极，尽量埋设在水沟中，其与接地导线之间的连接也必须焊接，其构造和安装方法如图5-4和图5-5所示。

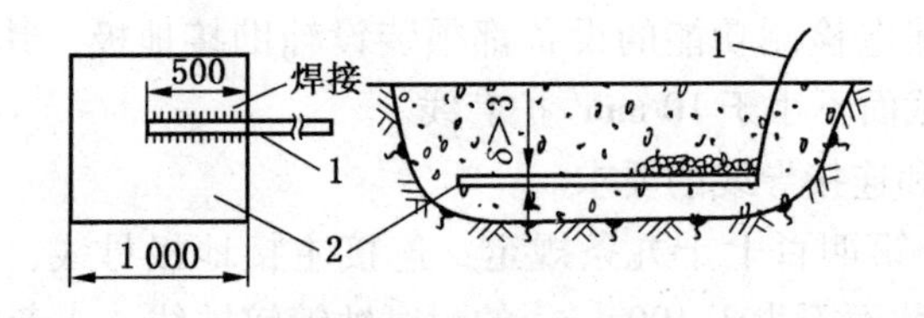

1—接地导线；2—局部接地极

图5-4　埋在潮湿地点的钢板接地极构造及其安装示意图

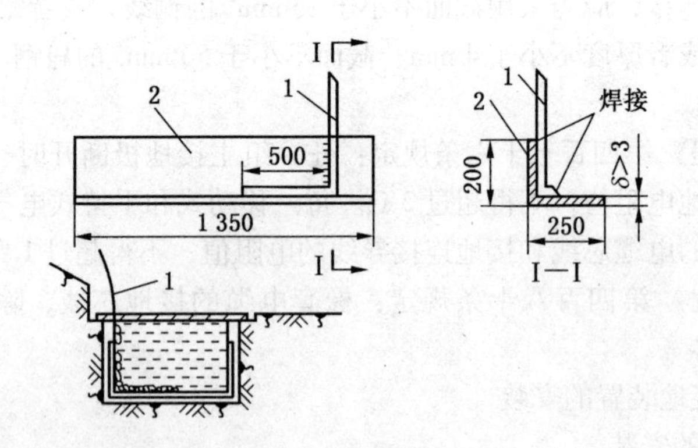

1—接地导线；2—局部接地极

图5-5　放入水沟中的角钢接地极构造及其安装示意图

钢管局部接地极，应垂直打入潮湿的地下，如图5-6所示。如土壤比较干燥，在铁管周围应用砂子、木炭和食盐混合物或长效降阻剂填满，砂子和食盐体积比约为6∶1。

5）井下接地保护装置的检查与维护

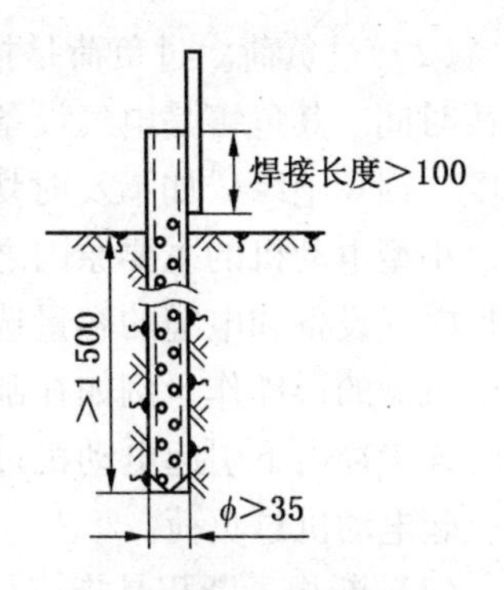

图5-6　钢管局部接地极的构造及其安装示意图

（1）凡有值班人员的机电硐室和有专职司机的电气设备，交接班时，必须由值班人员和专职司机对局部接地极、接地导线和连接导线等进行1次表面检查。对于其他电气设备的保护接地，由维护人员每周至少进行1次表面检查。检查的重点是整个接地网的连续性和完整性，使其保持完好。

（2）电气设备在每次安装或移动后，应详细检查接地装置的完善情况。对那些振动性较大及经常移动的电气设备，应特别注意，随时加强检查。

（3）检查发现接地装置有损坏时，应立即修复。电气设备的保护接地装置未修复前禁止受电。

（4）每年至少要对主接地极和局部接地极详细检查1次。其中主接地极和浸在水沟中的局部接地极应提出水面检查，如发现接触不良或严重锈蚀等缺陷，应立即处理或更换。主、副水仓中的主接地极不得同时提出检查，必须保证一个处于工作状态。矿井水含酸性较大时，应适当增加检查次数。

（5）井下接地电网接地电阻值的测定，要有专人负责，每季度测定1次。新安装的电气设备的接地电阻，在投入运行前，应进行测定。所有接地电阻的测定必须有数据记录。测定时，局部接地极不与接地网断开，在接地网中任一局部接地极处测得的接地电阻，就是接地极上反映出的接地网总电阻值。

（6）在具有瓦斯及煤尘爆炸危险的矿井内进行接地电阻测定时，应采用本质安全型测量仪。如采用普通型测试仪测定时，只能在甲烷浓度为1%以下的地点使用，并实时监测使用环境的甲烷浓度。

（7）接地母线和接地连接线导线不得使用铝芯电缆。

（8）严禁将局部接地极临时插在煤帮里。

3. 井下过流保护

1）过流的原因和危害

凡是流过电气设备和电缆的电流超过了额定值，都叫做过流。引起过流的原因很多，如短路、过负荷和电动机单相运转等。短路故障所产生的电流很大，如不及时排除，将导致电气设备严重损坏。电气设备过负荷和电动机单相运转均为不正常运行状态，如果让其长期存在，也将会因过热而烧坏。过流保护包括短路保护、过负荷保护（或称过载保护）和断相保护等。过流的具体现象如下：

（1）短路。短路是指电流不流经负载，而是导线直接短接形成回路，这时电流很大，可达额定电流的几倍、几十倍，甚至更大，其危害是能够在极短的时间内烧毁电气设备，引起火灾或瓦斯、煤尘爆炸事故。短路电流会产生很大的电动力，使电气设备遭到机械损坏，还会引起电网电压急剧下降，影响电网中的其他用电设备的正常工作。造成短路的主要原因是绝缘受到破坏，因而应加强对电气设备和电缆绝缘的维护及检查，并设置短路保护装置。

（2）过负荷。过负荷是指流过电气设备和电缆的实际电流超过其额定电流和允许过负荷时间。其危害是电气设备和电缆出现过负荷后，温度将超过所用绝缘材料的最高允许温度，损坏绝缘，如不及时切断电源，将会发展成漏电和短路事故。过负荷是井下烧毁中、小型电动机的主要原因之一。引起电气设备和电缆过负荷的原因主要有以下几方面：一是电气设备和电缆的容量选择过小，致使正常工作时负荷电流超过了额定电流；二是对生产机械的误操作，例如在刮板输送机机尾压煤的情况下，连续点动启动，就会在启动电流的连续冲击下引起电动机过热，甚至烧毁。此外，电源电压过低或电动机机械性堵转都会引起电动机过负荷。

（3）断相。断相是指三相交流电动机的一相供电线路或一相绕组断线。此时，运行中的电动机叫单相运行，由于其转矩比三相运行时小得多，在其所带负载不变的情况下，必然过负荷，甚至烧毁电动机。造成断相的原因有：熔断器有一相熔断；电缆与电动机或开关的接线端子连接不牢或发热烧坏而松动脱落；电缆芯线一相断线；电动机定子绕组与接线端子连接不牢或发热烧坏而脱落，开关内部主回路接线一相发热烧坏等。

2）电子保护器的电流整定

（1）馈电开关电子保护器的电流整定值，按下列规定选择。

① 干线的馈电开关短路电流按式（5－1）选择：

$$I_Z \geqslant I_{Qe} + K_x \sum I_e \tag{5-1}$$

式中 I_Z——保护装置的短路电流整定值，A；

I_{Qe}——容量最大的电动机的额定启动电流，对于有数台电动机同时启动的工作机械，若其总功率大于单台启动的容量最大的电动机功率时，I_{Qe}则为这几台同时启动的电动机的额定起动电流之和，A；

$\sum I_e$——其余电动机的额定电流之和，A；

K_x——需用系数，取0.5～1。

② 支线的馈电开关短路电流按式（5－2）选择：

$$I_Z \geqslant I_{Qe} \tag{5-2}$$

对鼠笼电动机，其近似值可用额定电流乘以6；对绕线型电动机，其近似值可用额定电流乘以1.5。当选择启动电阻不精确时，启动电流可能大于计算值，在此情况下，整定值也要相应增大，但不能超过额定电流的2.5倍。在启动电动机时，如保护器动作，则应变更启动电阻，以降低启动电流值。

对于某些大容量的采掘机械设备，由于其位置处在低压电网末端，且功率较大，启动时电压损失较大，其实际启动电流要大大低于额定启动电流，若能测出其实际启动电流，则上述两式中I_{Qe}应以实际启动电流计算。

③ 按上述规定选择出来的整定值，还需用两相短路电流值进行校验，校验结果应符合式（5－3）的要求，即

$$\frac{I_d^{(2)}}{I_Z} \geqslant 1.5 \tag{5-3}$$

式中 $I_d^{(2)}$——被保护电缆干线或支线距变压器最远点的两相短路电流值，A；

I_Z——短路电流整定值，A；

1.5——保护装置可靠动作系数。

若线路上串联两台及以上开关时（其间无分支线路），则上一级开关的整定值也应按下一级开关保护范围最远点的两相短路电流来校验，校验的灵敏度应满足 1.2 ~ 1.5 的要求，以保证双重保护的可靠性。

若经校验，两相短路电流不能满足要求，则可采取以下措施：

a）加大干线或支线电缆截面积。

b）设法减少低压电缆线路的长度。

c）采用相敏保护器或软启动等新技术提高灵敏度。

d）换用大容量变压器或采取变压器并联。

e）增设分段保护开关。

f）采用移动变电站或移动变压器。

说明：馈电开关电子保护器的短路保护整定原则如上所述，整定范围为 $(3\sim10)I_e$；其过载延时保护短路整定值按实际负载电流值整定，其整定范围为 $(0.4\sim1)I_e$。I_e 为馈电开关额定电流。

（2）电磁起动器中电子保护器的过流整定值，按式（5-4）选择：

$$I_Z \leqslant I_e \tag{5-4}$$

式中　I_Z——电子保护器的过流整定值，取电动机额定电流近似值，A；

I_e——电动机的额定电流，A。

当运行中电流超过 I_Z 值时，即视为过载，电子保护器延时动作；当运行中电流达到 I_Z 值的 8 倍及以上时，即视为短路，电子保护器瞬时动作。

按式（5-4）规定选择出来的整定值，也应以两相短路电流值进行校验，应符合式（5-5）的要求。

$$\frac{I_d^{(2)}}{8I_Z} \geqslant 1.2 \tag{5-5}$$

式中　$I_d^{(2)}$——被保护电缆干线和支线距变压器最远点的两相短路电流值，A；

I_Z——电子保护器的过流整定值，取电动机额定电流近似值，A；

$8I_Z$——电子保护器短路保护动作值；

1.2——保护装置的可靠动作系数，如不能满足要求，则应采取馈电开关电子保护器的电流整定值不能满足要求规定的有关措施。

4. 常用低压电气设备运行状况检查、测试

1）隔爆馈电开关的检查、测试

（1）开关停、送电正确，短路、过载动作可靠。

（2）开关手柄、指示装置在各种工作状态下位置正确，动作灵活。

（3）各种连锁、闭锁与手柄、按钮之间动作关系清楚。

（4）各种指示灯的指示与手柄、按钮状态相符，颜色正确。

（5）对脱扣跳闸机构进行模拟试验，保证动作灵敏、可靠。

2）隔爆磁力起动器的检查、测试

（1）真空接触器、隔离开关、真空灭弧室完好，螺钉紧固，机构灵活。

（2）各辅助控制开关、按钮开关完好。

（3）插接件插接牢固，接线完好。

（4）电源电压与启动电压等级一致，并将漏电、闭锁插件整定于相应的电压等级。

（5）隔爆间隙符合要求。

（6）用500 V摇表测绝缘电阻，主回路不得小于5 MΩ，控制回路不得小于0.5 MΩ。测量控制回路时，要取下插件等不能承受高压的装置。

（四）井下电缆连接与故障判断

1. 低压橡套电缆与电气设备的连接

（1）密封圈材质用邵氏硬度为45～55度的橡胶制造，并按规定进行老化处理。

（2）密封圈内径与电缆外径差应小于1 mm；密封圈外径D与装密封圈的孔径D_0配合的直径差（D_0-D）应符合下述规定：

① 当$D\leqslant 20$ mm时，（D_0-D）值应不大于1 mm。

② 当20 mm$<D\leqslant 60$ mm时，（D_0-D）值应不大于1.5 mm。

③ 当$D>60$时，（D_0-D）值应不大于2 mm。

密封圈的宽度应小于或等于电缆外径的0.7倍，但必须大于10 mm。密封圈无破损，不割开使用。电缆与密封圈之间不得包扎其他物体，保证密封良好。

（3）进线嘴连接紧固。接线后紧固件的紧固程度：压叠式线嘴以抽拉电缆不窜动为合格；螺旋线嘴以一只手的五指使压紧螺母旋进不超过半圈为合格；压盘式线嘴压紧电缆后的压扁量不超过电缆直径的10%。

（4）电缆护套穿入进线嘴长度一般为5～15 mm。如电缆粗穿不进时，可将穿入部分锉细，但护套与密封圈结合部位不得锉细。

（5）电缆护套按要求剥除后，线芯应截成适当长度，做好线头以后才能连接到接线柱上。接线应整齐、无毛刺，卡爪不压绝缘胶皮或其他绝缘物，也不得压住或接触屏蔽层。地线长度适宜，松开接线嘴拉动电缆时，三相火线拉紧或松脱，地线应不掉。

（6）当橡套电缆与各种插销连接时，必须使插座连接在靠电源的一边。

（7）屏蔽电缆与电气设备连接时，必须剥除主芯的屏蔽层，其去除长度应大于国家标准规定耐泄漏性的d级绝缘材料的最小爬电距离的1.5～2倍。

2. 井下电气作业操作技术知识

（1）在井下作业地点20 m内风流中甲烷浓度达到1%时，严禁送电试车；达到1.5%时，必须停止作业，并切断电源，撤出人员。在井下使用普通型电工测量仪表时，所在地点必须由瓦斯检测工检测甲烷，甲烷浓度在1%以下时方允许使用。

（2）入井安装的防爆设备必须有“产品合格证”“防爆合格证”“煤矿矿用产品安全标志”。

（3）安装各种开关和控制设备都必须找平和稳固，以防工作中发生事故。

（4）在进行电气安装工作时，如有可能触及带电体或产生感应电时，应采取可靠措施后方可工作，且工作人员应穿绝缘靴。

（5）各类电气设备的安装必须符合设计要求，设备安装垂直度、电缆的敷设、接线工艺应符合安装质量标准。

（6）电气设备安装好后应检查连接装置，各部螺栓、防松弹簧垫圈应齐全坚固；还应检查其电气间隙、爬电距离、防爆间隙及接地装置，都应符合标准。

3. 低压开关接线腔主接线操作过程

（1）松开两接线嘴压线板，注意不要损伤丝扣。

（2）松开接线嘴紧固螺钉并取下接线嘴，检查是否完好，零部件保管妥当。

（3）电缆在穿入接线腔前先加金属圈、密封圈，保证齐全，并注意先后顺序。

（4）将电缆穿入线嘴时要注意电源侧、负荷侧不得颠倒。

（5）接线嘴螺钉松紧适宜且有余量。

（6）电缆穿过线嘴长度适当，再紧压线板，芯线长度与接线柱正好配合。

（7）接线合格无毛刺、不压胶皮，垫圈齐全压平，裸露不超长，无歪脖，一相绝缘不得触及另一相导体，无交叉布线，分相绝缘无损。

4. 兆欧表

1）兆欧表的用途

兆欧表又称摇表，是一种专门用来测量绝缘电阻的便携式仪表，在电气安装、检修和试验中应用广泛。

绝缘电阻是绝缘性能的一个重要指标。绝缘材料在使用过程中，由于发热、污染、受潮及老化等原因，其绝缘电阻将逐渐降低，因而可能造成漏电或短路等事故。这就要求必须定期对电机、电器及供电线路的绝缘性能进行检查，以确保设备正常运行和人身安全。

若用万用表来测量设备的绝缘电阻，测得的只是在低压下的绝缘电阻值，不能真正反映在高压条件下工作时的绝缘性。兆欧表与万用表不同之处是本身带有电压较高的电源，一般由手摇直流发电机或晶体管变换器产生，电压为500～5000 V。因此，用兆欧表测量绝缘电阻，能得到符合实际工作条件的绝缘电阻值。

2）兆欧表的选择与使用

（1）选择兆欧表。选择兆欧表的原则：一是其额定电压一定要与被测电气设备或线路的工作电压相适应；二是兆欧表的测量范围要与被测绝缘电阻的范围相符合，以免引起大的读数误差。如果用500 V以下的兆欧表测量高压设备的绝缘电阻，则测量结果不能正确反映其工作电压下的绝缘电阻值。同样，也不能用电压太高的兆欧表去测量低压电气设备的绝缘电阻，以免损坏其绝缘。

（2）兆欧表的接线。兆欧表有3个接线端钮，分别标有L（线路）、E（接地）和G（屏蔽），使用时应按测量对象的不同来选用。当测量电力设备对地的绝缘电阻时，应将L接到被测设备上，并将E可靠接地。

（3）检查兆欧表。使用兆欧表之前要先检查其是否完好。检查步骤：在兆欧表未接通被测电阻之前，摇动手柄使发电机达到120 r/min的额定转速，观察指针是否指在标度尺的“∞”位置（图5－7）；然后再将端钮L和E短接，缓慢摇动手柄，观察指针是否指在标度尺的“0”位置（图5－8）。如果指针不能指在相应的位置，表明兆欧表有故障，必须检修后才能使用。

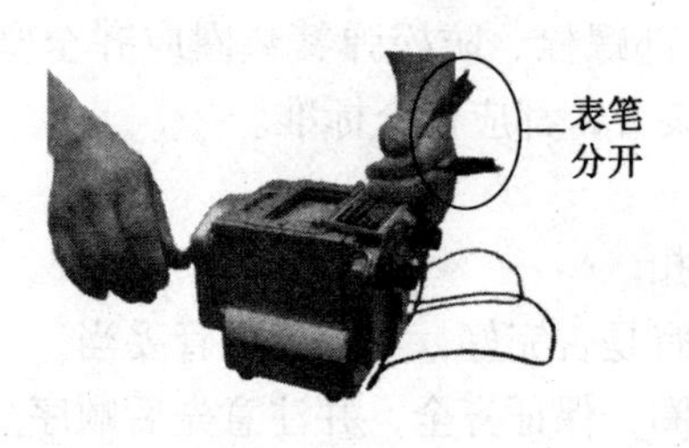

图5-7　开路试验

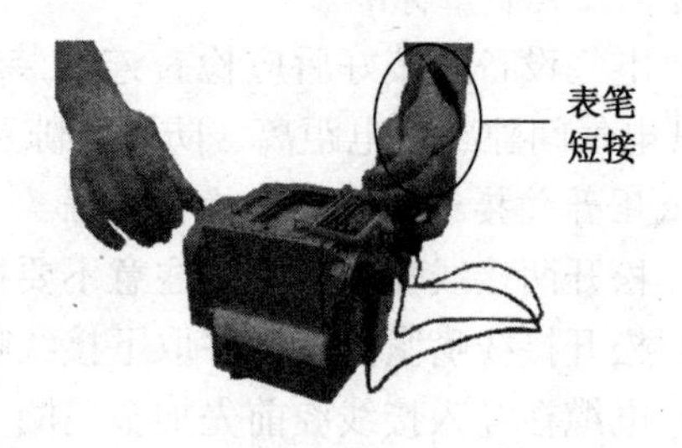

图5-8　短路试验

3）兆欧表使用注意事项

（1）测量绝缘电阻必须在被测设备和线路断电的状态下进行。对含有大电容的设备，测量前应先进行放电，测量后也应及时放电，放电时间不得小于2 min，以保证人身安全。

（2）兆欧表与被测设备间的连接导线不能用双股绝缘线或绞线，应用单股线分开单独连接，以避免线间电阻引起的测量误差。

（3）摇动手柄时应由慢渐快至额定转速120 r/min。在此过程中，若发现指针指零，则说明被测绝缘物发生短路事故，应立即停止摇动手柄，避免表内线圈因短路电流发热而损坏。

（4）测量具有大电容设备的绝缘电阻，读数后不能立即停止摇动兆欧表，以防止已充电的设备放电而损坏兆欧表。此时应在读数后一边降低手柄转速，一边拆去接地线。在兆欧表停止转动和被测物充分放电之前，不能用手触及被测设备的导电部分。

（5）测量设备的绝缘电阻时，应记录测量时的温度、湿度、被测设备的状况等，以便于分析测量结果。

（6）测量绝缘电阻的结果如低于规定值，应及时进行处理，否则可能发生人身和设备的安全事故。

5. 电缆故障的查找与处理

电缆常见故障有漏电接地、短路（俗称电缆“放炮”）、断线等。主要原因是电缆老化或受到外力碰、砸、挤压，接线工艺不合格，以及保护失灵等。电缆故障的查找与处理程序是：先判断故障性质，后找故障点，再根据情况按规定进行处理。

1）电缆故障性质的判断

（1）漏电故障：

① 电缆的绝缘水平低，出现漏电现象。

② 芯线相间或对地绝缘电阻达不到要求。

③ 芯线之间或对地泄漏电流过大。

（2）接地故障：

① 完全接地（也称“死接地”），即电缆某相芯线接地，如用摇表（或万用表）测量两者之间绝缘电阻为零。

② 低电阻接地，即电缆一相或几相芯线对地的绝缘电阻值低于500 kΩ。

③ 高电阻接地，即电缆一相或几相芯线对地的绝缘电阻值在500 kΩ 以上，甚至

1 MΩ 以上。

（3）短路故障：有完全短路、低电阻或高电阻短路；有两相同时接地短路或两相直接短路；有三相短路和接地。

（4）断线故障：电缆一相或几相芯线断开，或者一相导电芯线断一部分。

（5）闪络性故障：当电缆的电压达到某一定值时，芯线间或芯线对地发生闪络性击穿；当电压降低后，击穿停止。在某些情况下，即使再次提高电压时，击穿也不出现，经过若干时间后又会发生。这种故障有自动封闭故障点的特点。

（6）电缆着火：其原因是发生相间短路故障后，熔断器、过电流继电器等保护失灵，强大的短路电流产生的高温点燃了橡套电缆的胶皮，引起火灾。

（7）橡套电缆龟裂：这种故障在煤矿井下低压橡套电缆中较为常见，其主要原因是由于长期过负荷运行，造成绝缘老化，芯线绝缘与芯线粘连，就容易出现相间短路事故。产生故障的原因，除电缆的型号和截面积选择不当、施工工艺质量不好、电缆质量有问题以外，许多故障都和电缆的管理、运行和维护有关。因此，对电缆的选用、敷设、吊挂等都要按《煤矿安全规程》有关规定进行。

2）电缆故障点的查找

（1）直接判断。首先应确定哪条电缆出了故障。当维修人员无法查明是过负荷跳闸还是故障跳闸时，可以进行一次试送电来判断跳闸停电的原因。

如果属于电缆事故跳闸，应首先用摇表测定电缆芯线之间和对地的绝缘电阻，初步判断故障的性质。凡属电缆漏电故障，往往可通过检测绝缘电阻和做泄漏试验时发现，或者从配电开关显示数值判断。凡接地事故，可通过开关跳闸发现；如果属于短路故障，常常是因接地短路或短路后接地，也有少数只短路不接地。

对于在空气中敷设的电缆，包括井下沿巷道敷设的电缆，如果因短路故障造成外皮烧伤，一般通过沿电缆线路查找外观就可找到故障点。电缆接线盒出现短路事故时，如果检查及时，接线盒表面可以摸到有温度。电缆某处短路，有时可以看到烧穿的伤痕或穿孔，在短路点还可以嗅到绝缘烧焦的特殊气味。

（2）用万用表查找。首先将电缆两端的芯线全部开路，如果电缆故障是相间短路，将发生短路的两根芯线的端头与万用表相连接；如果是接地故障，就将发生接地的芯线和接地芯线接到万用表上。之后将万用表的选择开关打到欧姆挡，由检修人员对电缆逐段进行弯曲或翻动。当弯曲到某一点，万用表指针有较大的摆动时，说明这就是故障点；也可用干燥的木棒敲打电缆护套，当敲打到某处，万用表针有较大的摆动时，也就找到了故障点。

这种方法适用于寻找一芯或多芯低阻（几十千欧以下）接地或短路故障，不管是屏蔽电缆还是非屏蔽电缆均可采用。

（3）电测法。当故障点不能用直观方法寻找时，必须用电测法探测。一般常用的电测方法有以下 3 种。

① 电桥法：使用一只普通电桥和一组约 100 V 的干电池，探测电缆的接地故障点。

② 电容电流法：根据电缆芯线之间的分布电容与芯线长度成正比，电容电流与分布电容成正比的关系，通过测量芯线长度来探测断线点。

③ 音响法：在电线的一端用音频信号发生器向故障芯线内送入音频电流，音频电流在电缆的周围产生音频磁场，将感应线圈置于音频磁场中，便会感应出音频电势，经放大器放大后送入耳机，根据从耳机中听到的声音变化的特点，就可以找到故障点。

前两种方法的共同缺点是故障点是计算出来的，且电缆长度和故障点的距离还必须实测，由于测量的不准确，可能会产生较大的误差；音响法的优点是可以直接找到故障点，不需要计算、测量。

6. 井下电缆发生故障时的注意事项

（1）电缆故障发生后，首先根据故障的现象和状态，正确判断故障类型，及时向矿调度和机电主管部门汇报，并及时进行处理。

（2）当电缆因故障引起火灾时，应立即切断故障电缆的电源，并不失时机地灭火救灾。当火势蔓延过快不能立即扑灭时，应立即通知附近采（掘）区、队的人员迅速撤离危险区，并向矿领导汇报，进一步采取灭火措施，或按矿井的救灾计划进行灭火。

（3）当采用地面测试方法测试井下铠装电缆的故障时，进风巷道风流中的甲烷浓度必须在1%以下时，方可进行。对于井下采（掘）工作面，使用普通型携带式电气测量仪表来测定电缆故障时，必须由瓦斯检查工检查该地点的甲烷浓度，只有甲烷浓度在1%以下时，方可使用。

（4）当井下橡套电缆发生故障后，应根据故障现象进行分析和判断，确定故障类型和故障点。在处理故障时，必须将故障电缆与其他电缆完全隔开，才可进行测试和处理。

（5）当连接电缆的开关跳闸时，应由维修电工负责查明原因，并由瓦斯检查工检查故障电缆所在地段的甲烷浓度，当甲烷浓度在1%以下时，才能进行检测。

（6）煤与瓦斯突出矿井不得使用送电方式检查电缆。

（五）井下变配电运行

电气设备分为运行、备用（冷备用及热备用）、检修3种状态。将设备由一种状态转变为另一种状态的过程叫倒闸，所进行的操作叫倒闸操作。通过操作隔离开关、断路器以及挂、拆接地线，将电气设备从一种状态转换为另一种状态或使系统改变了运行方式，这种操作就叫倒闸操作。倒闸操作必须执行操作票制和工作监护制。

高压倒闸操作的特点：看似作业方式简单、作业过程明了，实则隐含着巨大的作业风险，往往在不经意间就可能导致电气恶性事故，轻则误停电、误送电，打乱生产过程，重则发生带接地线合闸送电引起短路、配电设备损坏，带负荷拉合闸刀，引起弧光短路、设备损坏，更严重的甚至发生操作人员和检修人员误入带电间隔引起触电死亡，对那些“五防”功能不健全的配电装置更易发生误操作事故。

1. 倒闸操作规定

（1）倒闸操作必须根据值班调度员或电气负责人的命令，受令人复诵无误后执行。

（2）发布命令应准确、清晰，使用正规操作术语和设备双重名称，即设备名称和编号。

（3）发令人使用电话发布命令前，应先和受令人互通姓名，发布和听取命令的全过程，都要录音并做好记录。

（4）倒闸操作由操作人填写操作票。

（5）单人值班，操作票由发令人用电话向值班员传达，值班员应根据传达填写操作票，复诵无误，并在监护人签名处填入发令人姓名。

（6）每张操作票只能填写一个操作任务。

（7）倒闸操作必须有两人执行，其中对设备较为熟悉者做监护，受令人复诵无误后执行；单人值班的变电所倒闸操作可由一人进行。

（8）开始操作前，应根据操作票的顺序先在操作模拟板上进行核对性操作（预演）。

（9）操作前，应先核对设备的名称、编号和位置，并检查断路器、隔离开关、自动开关、刀开关的通断位置与工作票所写的是否相符。

（10）操作中，应认真执行复诵制、监护制，发布操作命令和复诵操作命令都应严肃认真，声音洪亮、清晰，必须按操作票填写的顺序逐项操作，每操作完一项应由监护人检查无误后在操作票项目前打“√”；全部操作完毕后再核查一遍。

（11）操作中发生疑问时，应立即停止操作并向值班调度员或电气负责人报告，弄清楚问题后再进行操作，不准擅自更改操作票。

（12）操作人员与带电导体应保持足够的安全距离，同时应穿长袖衣服和长裤。

（13）用绝缘棒拉、合高压隔离开关及跌落式开关或经传动机构拉、合高压断路器及高压隔离开关时，均应戴绝缘手套；操作室外设备时，还应穿绝缘靴。雷电时禁止进行倒闸操作。

（14）装卸高压熔丝管时，必要时使用绝缘夹钳或绝缘杆，应戴护目眼镜和绝缘手套，并应站在绝缘垫（台）上。

（15）雨天操作室外高压设备时，绝缘棒应带有防雨罩，还应穿绝缘靴。

（16）变、配电所（室）的值班员，应熟悉电气设备调度范围的划分；凡属供电局调度的设备，均应按调度员的操作命令进行操作。

（17）不受供电局调度的双电源（包括自发电）用电单位，严禁并路倒闸（倒闸时应先停常用电源，“检查并确认在开位”，后送备用电源）。

（18）在发生人身触电事故时，可以不经许可即行断开有关设备的电源，但事后必须立即报告上级。

2. 倒闸操作的安全要点

（1）停电拉闸操作，必须按照“断路器（开关）→母线侧隔离开关（刀闸）”的顺序依次进行。送电合闸操作应按与上述相反的顺序进行，严禁带负荷拉闸。

（2）变压器两侧（或三侧）开关的操作顺序：停电时先拉开负荷侧开关，后拉开电源侧开关，送电时与此相反。

（3）单极隔离开关及跌落式开关的操作顺序：停电时先拉开中相，后拉开两边相；送电时顺序与此相反。

（4）双回路母线供电的变电所，当出线开关由一段母线倒换至另一段母线供电时，应先断开待切换母线的电源侧负荷开关，再合母线联络开关。

（5）操作中，应注意防止通过电压互感器二次返回的高压。

（6）用高压隔离开关和跌落开关拉、合电气设备时，应按照产品说明书和试验数据确定的操作范围进行操作。无资料时，可参照下列规定（指系统运行正常下的操作）：

① 可以分、合电压互感器、避雷器。

② 可以分、合母线充电电流和开关的旁路电流。

③ 可以分、合变压器中性点直接接地点。

④ 10 kV 室外三极、单极高压隔离开关和跌落开关，可以分、合的空载变压器容量不大于560 kV·A；可以分、合的空载架空线路长度不大于10 km。

⑤ 10 kV 室内三极隔离开关，可以分、合的空载变压器容量不大于320 kV·A；可以分、合的空载架空线路长度不大于5 km。

⑥ 分、合空载电缆线路的规定可参阅有关规定。

⑦ 采用电磁操作机构合高压断路器时，应观察直流电流表的变化，合闸后电流表应返回；连续操作高压断路器时，应观察直流母线电压的变化。

3. 倒闸操作票

在全部停电或部分停电的电气设备上工作，必须执行操作票制度。该制度是保证人身安全和操作正确的重要保证。

（1）操作票的内容：操作票日期、操作票编号、发令人、受令人、发令时间、操作开始时间、操作结束时间、操作任务、操作顺序、操作项目、操作人、监护人及备注等。

（2）填写操作票的具体要求：

① 变配电所的倒闸操作均应填写操作票。

② 填写操作票必须以命令或许可作为依据，命令的形式有书面命令和口头命令。书面命令——工作票；口头命令——可由电气负责人亲自向值班员当面下达，也可以电话方式下达（需录音）；受令人必须将接收的口头命令复诵，确认无误后，将受令时间填入值班记录本；操作票由值班员填写。

③ 操作票应用钢笔或圆珠笔填写，票面应清楚、整洁，不得任意涂改，按操作顺序填写，禁止使用铅笔填写。

④ 操作票应先编号，按照编号顺序使用。

（3）填写操作票有以下主要项目：

① 拉合开关。

② 拉合开关后的检查。

③ 拉合刀闸。

④ 拉合刀闸后的检查。

⑤ 挂拆地线前进行验电。

⑥ 挂拆接地线。

⑦ 装取保险器（熔断器）。

⑧ 检查电源、电压等。

（4）填写操作票检查项目内容：

① 按技术要求的操作顺序逐项填写清楚，如：拉开×××，合上×××。

② 应检查临时接地线是否拆除，如：拆除×××处的接地线。

③ 若停电，则应检查需要悬挂临时接地线的设备或线路确无电压。

④ 某一回路送电前，先检查所有高压断路器（或自动开关）确在断开位置。如：检

查×××确在断开位置。

⑤ 拉开的高压断路器、高压隔离开关、自动开关、刀开关，应检查实际的断开位置。如：检查×××确在断开位置。

⑥ 合上的高压断路器、高压隔离开关、自动开关、刀开关，应检查确实在合闸位置。如：检查×××确在合闸位置。

⑦ 在并列、解列、合环、解环操作时，检查负荷分配情况。

⑧ 电压互感器的隔离开关合闸后，应检查电压指示正确。

⑨ 取下或装上某控制回路及电压互感器一、二次侧熔断器，亦需填入操作票。

⑩ 停用或投入继电保护装置及改变整定值时，应将其内容填入操作票。

（5）操作中发生疑问时，应立即停止操作，并向值班调度员或电气负责人报告，弄清楚后再进行操作，不准擅自更改操作票。

（6）不需要操作票的操作项目：事故处理、拉合开关的单一操作，拉开接地刀闸或拆除全所仅有的一组接地线。

（六）井下低压电气设备防爆检查

1. 防爆电气设备的类型及标志

防爆电气设备的选用应与使用的场所相对应，I类电气设备用于煤矿瓦斯气体环境；Ⅱ类电气设备用于除煤矿瓦斯气体之外的其他爆炸性气体环境，Ⅱ类设备中又分ⅡA、ⅡB、ⅡC类；Ⅲ类电气设备用于除煤矿以外的爆炸性粉尘环境。

电气设备防爆类型按《爆炸性环境第1部分：设备通用要求》(GB 3836.1）规定常用的有八种，即隔爆型、增安型、本质安全型、正压型、油浸型、充砂型、浇封型、n型。

在矿用防爆电气设备外壳的明显处，均有清晰的永久性凸纹标志“Ex”和煤矿矿用产品安全标志“MA”；各种防爆电气设备的标志符号由防爆电气设备的总标志Ex、型式标志和类型标志组成，如煤矿井下用隔爆型防爆电气设备的标志符号为ExdI。

1）隔爆型电气设备

隔爆型电气设备是具有隔爆外壳的电气设备。煤矿井下常用的隔爆型电气设备有各种高压防爆开关、低压馈电开关、电磁起动器、电动机和接线盒等。

2）本质安全型电气设备

全部电路为本质安全电路的电气设备是本质安全型电气设备。它是通过限制电路的电气参数或采取保护措施，进而限制电流所产生的热效应及火花、电弧的放电能量实现防爆的，安全程度较高。但因其电路的能量很低（最大功率约25 W），所以其应用范围受到限制。在煤矿井下，本质安全型电气设备主要用于通信、信号、监控、监测和自动装置以及测量仪器、仪表等。

2. 隔爆型电气设备常见的失爆现象

电气设备的隔爆外壳失去了耐爆性或隔爆性（即不传爆性），就是失爆。井下隔爆型电气设备常见的失爆现象有：

（1）隔爆外壳严重变形或出现裂纹，焊缝开焊以及连接螺丝不齐全、螺扣损坏或拧入深度少于规定值，致使其机械强度达不到耐爆性的要求而失爆。

（2）隔爆接合面严重锈蚀，由于机械损伤、间隙超过规定值，有凹坑、连接螺丝没有压紧等，达不到不传爆的要求而失爆。

（3）电缆进、出线口没有使用合格的密封胶圈或根本没有密封胶圈；不用的电缆接线孔没有使用合格的密封挡板或根本没有密封挡板而造成失爆。

（4）在设备外壳内随意增加电气元器件，使某些电气间距小于规定值，或绝缘损坏，消弧装置失效，造成相间经外壳弧光接地短路，使外壳被短路、电弧烧穿而失爆。

（5）外壳内两个隔爆腔由于接线柱、接线套管烧毁而连通，内部爆炸时形成压力叠加，导致外壳失爆。

3. 隔爆型电气设备失爆的原因

（1）电气设备维护和检修不当导致防护层脱落，使得防爆面落上矿尘等杂物；紧固对口接合面时会出现凹坑，有可能使隔爆接合面间隙增大。

（2）井下发生局部冒顶砸伤隔爆型电气设备的外壳，移动和搬迁不当造成外壳变形及机械损伤，都能使隔爆型电气设备失爆。

（3）由于不熟悉设备的性能，在装卸过程中没有采用专用工具或发生误操作。

（4）螺钉紧固的隔爆面，由于螺孔深度过浅或螺钉太长，而不能很好地紧固零件，从而使隔爆面产生间隙而失爆。

（5）由于工作人员对防爆理论知识掌握不够，对各种规程不能够贯彻执行，以及对设备的隔爆要求马虎大意，均可能造成失爆。

4. 隔爆型电气设备失爆的防止

加强隔爆电气设备的综合管理维护，及时排除故障，是防止隔爆型电气设备失爆的重要环节。

1）下井前的检查

设备出厂时，已按《煤矿安全规程》规定和质量标准的要求做好绝缘特性试验检查。下井前还要进行一般检查，具体内容如下：

（1）零部件是否齐全、完整。

（2）隔爆外壳是否涂有防腐油漆。大、中修设备必须重新涂防腐油漆。

（3）隔爆外壳、接线箱、底座等是否变形、走样，轻微凹凸不平不能超过完好标准的规定值。

（4）通电试运转，看开、停、吸合动作是否灵敏可靠，运行是否正常，有无杂音。

（5）各种进出线嘴是否封堵。要有合格的密封胶圈、铁垫圈和挡板，放置顺序是：最里为密封胶圈，中间为挡板，最外是铁坠圈。线嘴要拧紧。

（6）隔爆面是否有锈蚀和机械伤痕，是否涂有防锈油脂。隔爆面不能有锈，最好进行磷化处理，光洁度要符合要求。针孔、划痕等机械伤痕不能超过规定。

（7）隔爆间隙是否符合要求。对每台设备的隔爆面都要逐一测量。

2）搬运中注意事项

（1）电气设备装车时，要轻装轻放，不要乱扔乱摔。为避免运输中在车内滚动磕碰，要用木板等物垫好挤好，外露接合面，要用木板或专用铝制外罩加以保护，以免损伤。低压防爆开关等，要用闭锁螺丝将转盖锁住，避免转盖滑脱、内部进水进灰尘、碰坏隔爆面等。

（2）在主运输巷道内用电机车等设备运行时，速度不宜过快，防止掉道碰车，损坏设备。

（3）卸车时，不能“大撒把”，注意不要把线嘴、线盒手把、仪表碰坏。临时存放地点不能有积水、淋水。

（4）采掘工作面范围内的设备搬运，采用绞车、推车等搬运时要有专人护送，随时注意刮碰情况。在坡度大的上山、工作面搬运时，要用绳索拴住，防止自行滑落。

3）使用中的管理工作

（1）运行中的隔爆电气设备，周围环境要干燥、整洁，不能堆积杂物和浮煤，保持良好的通风，设备上的煤尘要及时打扫；顶板要插严背实，有可靠的支架，防止矸石冒落砸坏设备；有滴水的地方，要疏通水沟及时排水；底板潮湿时，要用非燃性材质做个台子，把设备垫起来；避不开的淋水，要搭设防水槽，避免淋水浇到电气设备上。

（2）备用的隔爆电气设备、零部件要齐全，螺丝要拧紧，大小线嘴要有密封胶圈、垫圈，并用挡板堵好；外露螺丝要涂油防锈，隔爆面要涂防锈油。存放地点要安全、干燥且便于运输；在设备上要挂明显的“备用”标志牌，备用设备的零件不许任意拆用。

（3）因急需或倒装需用拆下来未经上井检修的隔爆电气设备时，要在井下现场进行小修，更换老旧螺丝和失效的弹簧垫圈，擦净隔爆腔内的煤尘、电弧、铜末、潮气，修理接线柱丝扣、变形的卡爪，修理或更换烧灼的触头，防爆面除锈，擦拭涂油，并用欧姆表测量其三相之间、相地之间的绝缘情况，看是否符合规程要求。用塞尺测量隔爆间隙是否符合要求，合格后方可使用。不经检修，零件不全，螺丝折断，绝缘、防爆间隙不合要求的设备不准使用。

（4）设备使用要合理，保护要齐全。增加容量要办理手续，要有专人掌握负荷情况。防止电气设备因过载而烧毁，或因保护装置失灵而引起冒火，造成重大事故。

（5）为了及时排除设备故障，保证隔爆性能良好，井下使用单位必须在现场准备一定数量的备件和材料，且做到数量足够、质量合格、及时补充、专人保管。

（6）虽然设备隔爆、备件合格，但如果没有专用工具和操作规程，设备仍然可能“不防爆”。因此，井下电工必须配备专用工具，不常用的特殊工具，也要以工作面、片为单位准备一套。要教育电工按操作规程办事，努力提高技术水平，工作符合质量标准。

4）设备上井

拆下不用的隔爆电气设备，要及时组织运往井上进行检修，积压久了，会造成设备锈蚀、损坏，给检修工作带来困难，甚至使某些隔爆部位难以修复而失爆。

5.《煤矿安全规程》对电气设备检查维护的要求

（1）电气设备的检查、维护和调整，必须由电气维修工进行。高压电气设备和线路的修理和调整工作，应有工作票和施工措施。

高压停、送电的操作，可根据书面申请或其他联系方式，得到批准后，由专责电工执行。

采区电工，在特殊情况下，可对采区变电所内高压电气设备进行停、送电的操作，但不得打开电气设备进行修理。

（2）井下防爆电气设备的运行、维护和修理，必须符合防爆性能的各项技术要求。防爆性能遭受破坏的电气设备，必须立即处理或者更换，严禁继续使用。

（3）矿井应当按表5－1的要求对电气设备、电缆进行检查和调整。

表5－1　电气设备、电缆的检查和调整

项　目	检查周期	备　注
使用中的防爆电气设备的防爆性能检查	每月1次	每日应当由分片负责电工检查1次外部
配电系统继电保护装置检查整定	每6个月1次	负荷变化时应当及时整定
高压电缆的泄漏和耐压试验	每年1次	
主要电气设备绝缘电阻的检查	至少6个月1次	
固定敷设电缆的绝缘和外部检查	每季1次	每周应当由专职电工检查1次外部和悬挂情况
移动式电气设备的橡套电缆绝缘检查	每月1次	每班由当班司机或者专职电工检查1次外皮有无破损
接地电网接地电阻值测定	每季1次	
新安装的电气设备绝缘电阻和接地电阻的测定		投入运行以前

检查和调整结果应当记入专用的记录簿内。检查和调整中发现的问题应当指派专人限期处理。

6. 隔爆型电气设备的检查和维护

1）隔爆型电气设备的检查

（1）隔爆型电气设备必须经过考试合格的电气防爆检查工检查其安全性能，并取得合格证。

（2）外壳完好无损伤、无裂痕及变形。

（3）外壳的紧固件、密封件、接地元件齐全、完好。

（4）隔爆接合面的间隙、有效宽度和表面粗糙度符合有关规定，螺纹隔爆结构的拧入深度和螺纹扣数符合规定。

（5）电缆接线盒及电缆引入装置完好，零部件齐全、无缺损，电缆连接牢固、可靠。一个电缆引入装置，只连接一条电缆。密封圈外径与电缆引入装置内径之差，应符合要求。

密封圈内径与电缆公称外径之差不大于1.0 mm，电缆与密封圈之间严禁包扎其他物。不用的电缆引入装置，用厚度不小于2.0 mm钢板堵死。

（6）接线盒内裸露导电芯线之间的电气间隙和爬电距离符合规定；导电芯线无毛刺，接线方式正确，拧紧接线螺母时不能压住绝缘材料；壳内部不得增加元部件。

(7) 连锁装置功能完整，保证电源接通打不开盖，开盖送不上电；内部电气元件、保护装置完好无损、动作可靠。

(8) 在设备输出端断电后，壳内仍有带电部件时，在其上装设防护绝缘盖板，并标明“带电”字样，防止人身触电事故。

(9) 接线盒内的接地芯线必须比导电芯线长，即使导线被拉脱，接地芯线仍保持连接；接线盒内保持清洁，无杂物和导电线丝。

(10) 隔爆型电气设备安装地点无滴水、淋水，周围围岩坚固；设备放置与地平面垂直，最大倾斜角度不得超过15°。

2) 隔爆型电气设备隔爆面的修复

(1) 防止锈蚀的措施：

① 要防止淋水进入隔爆接合面

② 每隔1周左右，用干净的棉丝或泡沫塑料清除隔爆接合面上的煤尘、岩粉。擦拭时，注意防止掺入铁屑、砂粒，避免划伤隔爆接合面。

③ 隔爆接合面擦净后，薄薄地涂上一层防锈油。不可涂油过多，这样会影响间隙对壳内爆炸压力的泄放。

(2) 检修的注意事项：

① 打开外壳检修时，接合部件要轻拿轻放，不能用改锥、扁铲等工具插入隔爆间隔内硬撬硬撑。

② 用螺栓紧固的隔爆接合面，打开时不可留下1根螺栓不拆下来并以它为轴转动，这样会使隔爆面之间互相摩擦造成划伤。

③ 安装或检查、修理工作结束，装配隔爆部件时要注意隔爆接合面的清洁，不要将煤尘、金属屑等杂物掉在隔爆面上。最后要用塞尺检查隔爆间隙是否符合要求，发现不合格时，应找出原因并重新调整。

(3) 活动隔爆接合面的修复：

操纵杆和孔的隔爆面损坏或锈蚀，采用的修理方法如下：

① 杆孔的锈迹一般用圆钢包上0号砂布打磨，再涂上防锈油脂。

② 隔爆间隙超过规定值时，可采用操纵杆镶套的方法，而杆孔用活叶绞刀绞光，使隔爆间隙满足要求。

③ 损坏严重的操纵杆，应更换。

7. 本质安全型电气设备的检查与维护

1) 本质安全型电气设备的检查

(1) 本质安全型电气设备必须经过考试合格的电气防爆检查工检查其安全性能，并取得合格证。

(2) 本质安全型电气设备应单独安装，尽量远离大功率电气设备，以避免电磁感应和静电感应。

(3) 外壳完整无损，无裂痕和变形。外壳的紧固件、密封件、接地件齐全、完好。

(4) 连接的电气设备必须通过联检，并取得防爆合格证。

(5) 外壳防护等级符合使用环境的要求。

（6）本质安全型防爆电源的最高输出电压和最大输出电流均不大于规定值。

（7）本安电路的外部电缆或导线应单独布置，不允许与高压电缆一起敷设。外部电缆或导线的长度应尽量缩短，不得超过产品说明书中规定的最大值。本安电路的外部电缆或导线禁止盘圈，以减小分布电感。

（8）两组独立的本安电路裸露导体之间、本安电路与非本安电路裸露导体之间的电气间隙与爬电距离符合有关规定。

（9）设有内、外接地端子的本安型电气设备，应可靠地接地。内接地端子必须与电缆的接地芯线可靠地连接。

（10）设备在使用和维修过程中，必须注意保持本安电路的电气参数，不得高于产品说明书的额定值，否则应慎重采取措施。更换本安电路及关联电路电气元件时，不得改变原电路电气参数和本安性能，更不得擅自改变电气元件的规格、型号，特别是保护元件更应特别注意。更换的保护元件应与原设计一致。

（11）应定期检查保护电路的整定值和动作可靠性。

（12）在井下检修本安型电气设备时，也应切断前级电源，并禁止用非防爆仪表检查测量本安电路。

2）本质安全型电气设备的维修

（1）应定期检查、校对本质安全型电气设备保护电路的整定值和动作可靠性。

（2）井下检修本安型电气设备时，禁止用非防爆仪表进行测量或用电烙铁检修，检修时应切断前级电源。

（3）更换本安电路及关联电路中的电气元件时，不得改变原电路的电气参数和本安性能，也不得擅自改变电气元件的规格、型号，特别是保护元件更应格外注意；更换的保护元件应严格筛选，特殊的部件（如胶封的防爆组件）如遇损坏，应向厂家购买。

（4）在非危险场所安装的本质安全型关联设备，除目测外，检修时必须切断接到危险场所的本质安全型电路的接线。

（5）原设计单独使用的本安型电气设备，不得多台并联运行，以免造成电气参数叠加，破坏原电路的本安性能。由两台以上本安型电气设备组成的本安电路系统，只能按原设计配套安装使用，不得取出其中 1 台单独使用或与其他电气设备组成新的电气系统，除非新系统经重新检验合格。

（6）如果需要修改本安电路的原设计，应按送检程序要求送防爆检验单位审查，检验合格后方可使用。不经防爆检验单位检验，不得将设计范围以外的电气设备（不管是本质安全型还是非本质安全型）接入本安电路，也不得将不同型号的本安型电气设备或其中的部分电路自由结合，组成新的电气系统。

（7）井下使用的本质安全型电气设备分为 ia、ib 和 ic 3 个等级，要严格按照 3 个等级的使用场所使用本质安全型电气设备，不能相互替换。

（8）本质安全型电气设备的维修，主要是对本安电路所用元件的性能、电气回路的绝缘电阻值、外配线和内接线端子的紧固情况、接地是否良好等进行检查维护。

学习活动2　工作前的准备

一、工具

常用电工工具1套，十字旋具、一字旋具各1个，万用表1只。

二、设备

广联科技井下电气作业虚拟仿真训练与考核装置3台。

三、材料与资料

使用说明书若干。

学习活动3　现　场　施　工

【学习目标】

（1）了解仿真系统开关机及仿真软件使用。

（2）熟练掌握训练、考核操作流程及要点。

【建议课时】

12课时。

【任务实施】

广联科技井下电气作业虚拟仿真训练与考核装置操作面板布置如图5－9所示，显示屏如图5－10所示。

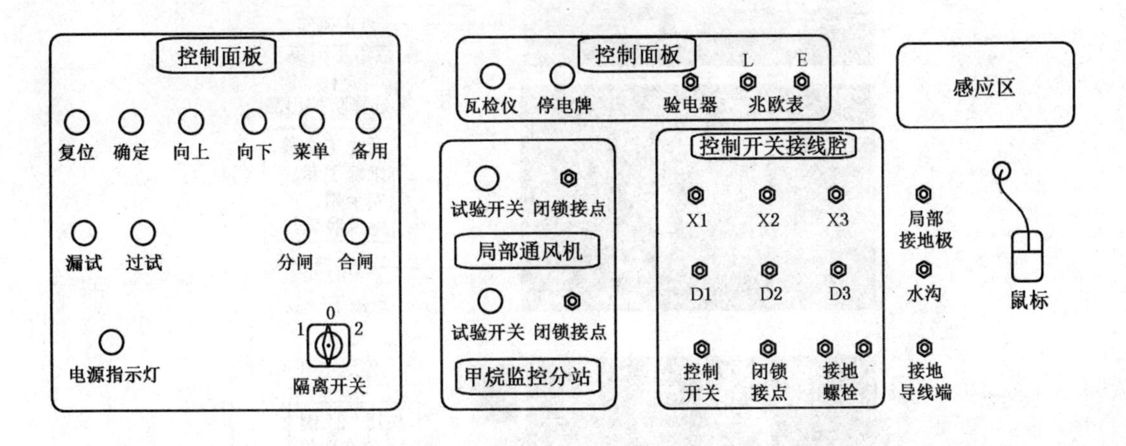

图5－9　广联科技井下电气作业虚拟仿真训练与考核装置操作面板

图5－10　煤矿井下电气作业虚拟仿真显示屏

一、井下低压电气设备停、送电安全操作

井下低压电气设备停、送电安全操作如图5－11所示。

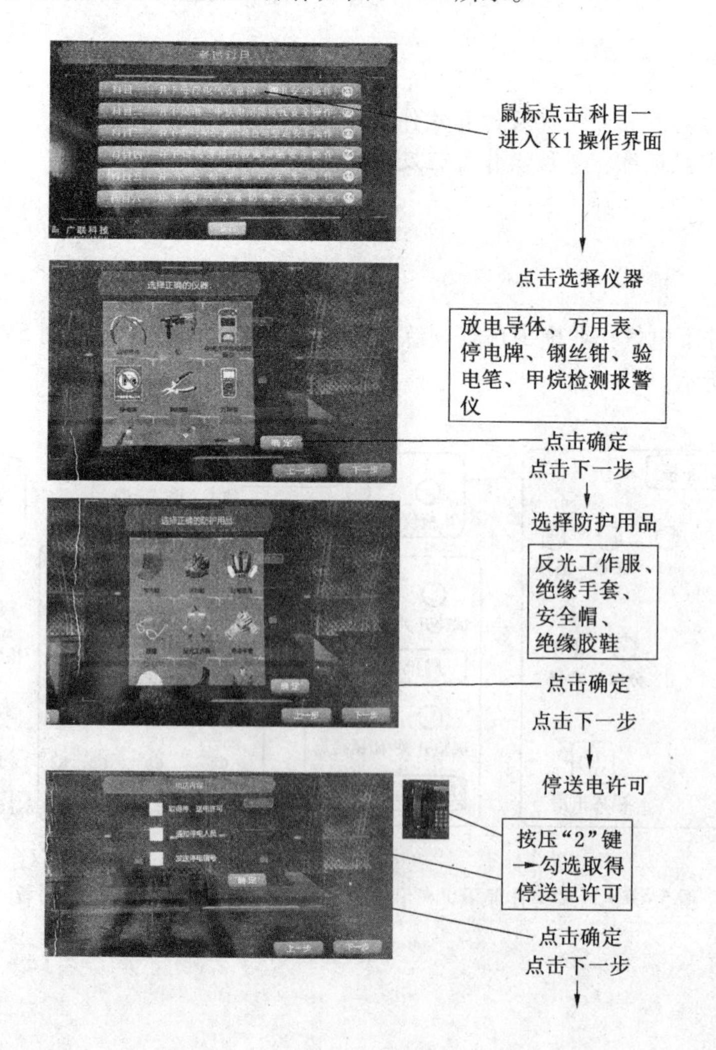

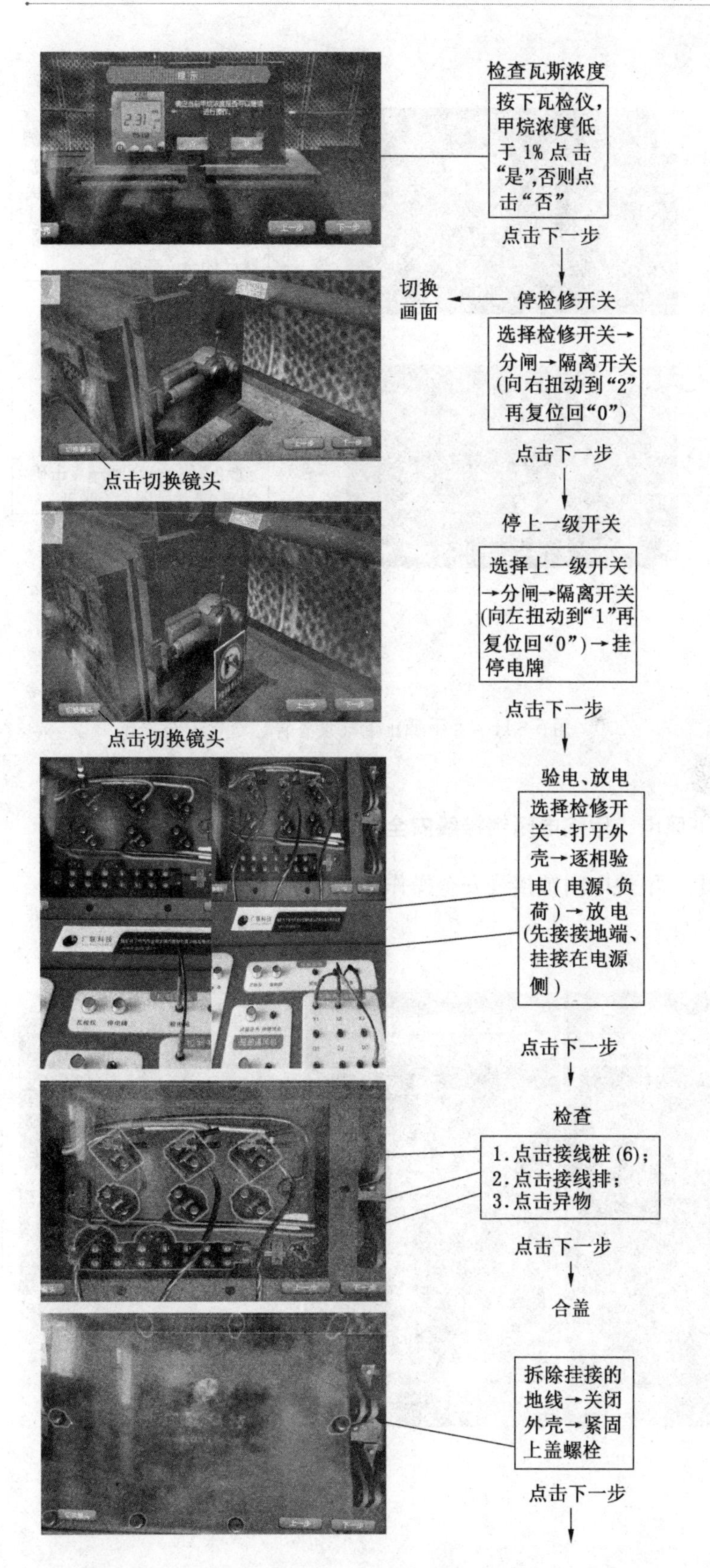
检查瓦斯浓度
按下瓦检仪，甲烷浓度低于1%点击“是”，否则点击“否”
点击下一步
切换画面
停检修开关
选择检修开关→分闸→隔离开关（向右扭动到“2”再复位回“0”）
点击切换镜头
点击下一步
停上一级开关
选择上一级开关→分闸→隔离开关（向左扭动到“1”再复位回“0”）→挂停电牌
点击切换镜头
点击下一步
验电、放电
选择检修开关→打开外壳→逐相验电（电源、负荷）→放电（先接接地端、挂接在电源侧）
点击下一步
检查
1. 点击接线桩（6）；
2. 点击接线排；
3. 点击异物
点击下一步
合盖
拆除挂接的地线→关闭外壳→紧固上盖螺栓
点击下一步

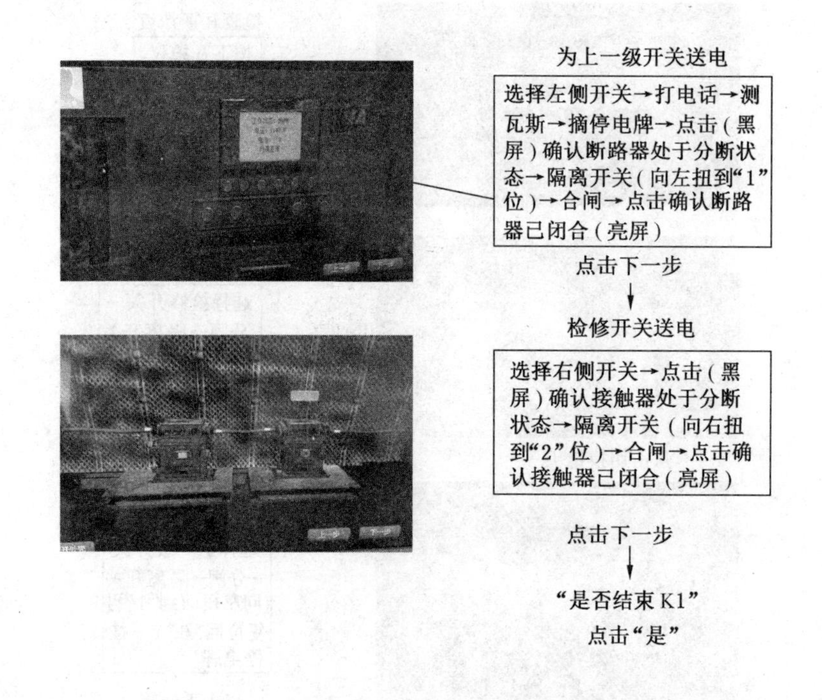

图5-11　井下低压电气设备停、送电安全操作

二、井下风电、甲烷电闭锁接线安全操作

井下风电、甲烷电闭锁接线安全操作如图5-12所示。

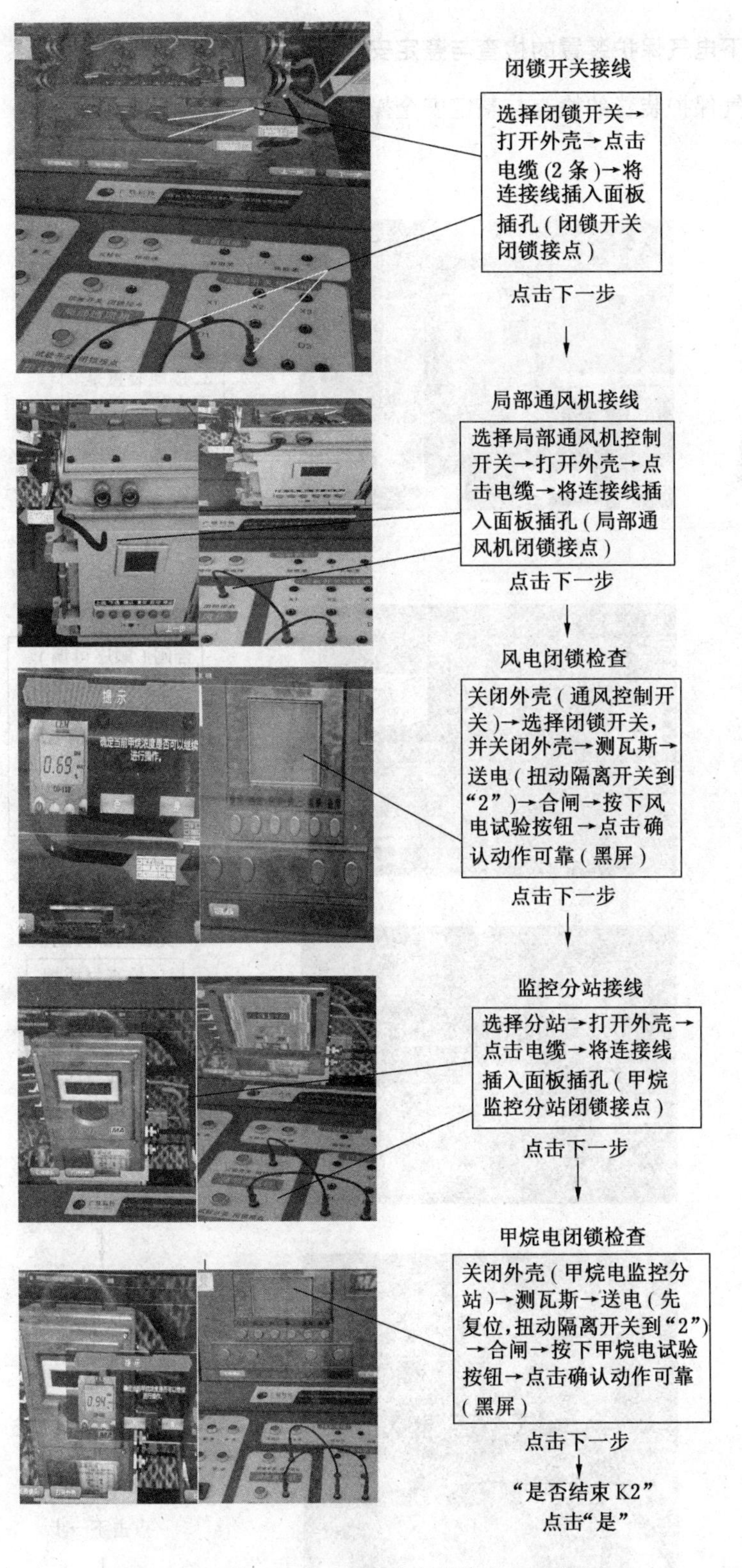

图5－12　井下风电、甲烷电闭锁接线安全操作

三、井下电气保护装置的检查与整定安全操作

井下电气保护装置的检查与整定安全操作如图 5 - 13 所示。

鼠标点击科目三出入 K3 操作界面

↓

漏电保护装置检查

1. 对地绝缘是否符合要求；
2. 电气设备是否失爆；
3. 接地装置是否完好；
4. 漏电试验动作可靠

点击下一步

↓

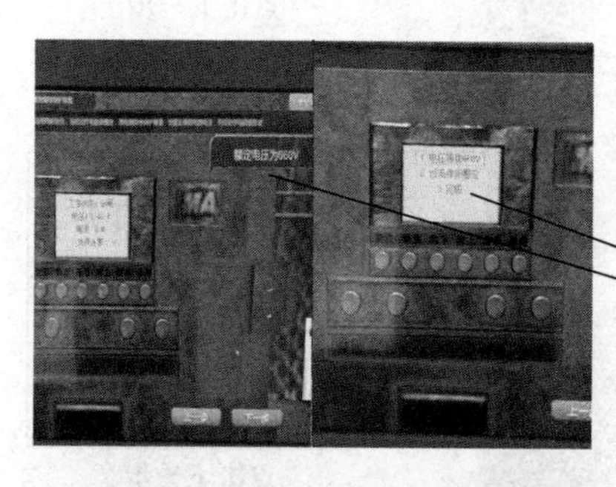

漏电保护装置整定

合闸（顺序可调）→复位→额定电压（通过向上、向下、确定进入调整电压子菜单）→660V（确定退出）→完成（确定）

点击下一步

↓

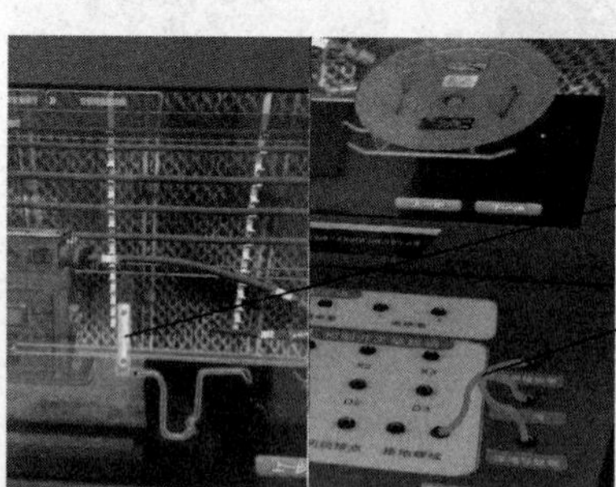

安装局部接地极

1. 检查材质规格是否符合要求；
2. 接地导线端→局部接地极→水沟→接地螺栓（插接顺序）

点击下一步

↓

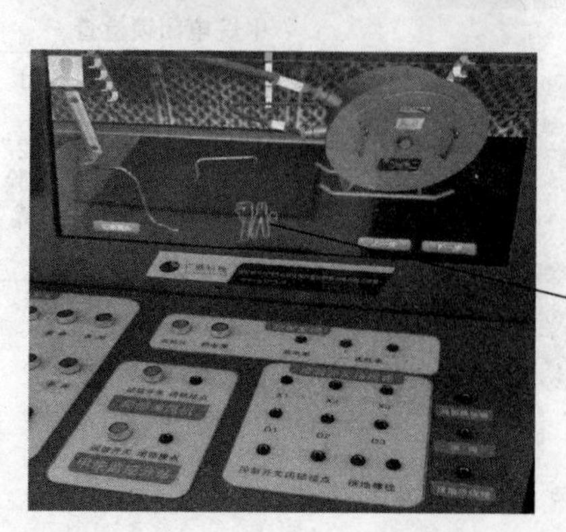

拆除局部接地极

1. 接地螺栓→接地导线端→水沟→局部接地极（拆除顺序）；
2. 清理现场、清点工具等

点击下一步

↓

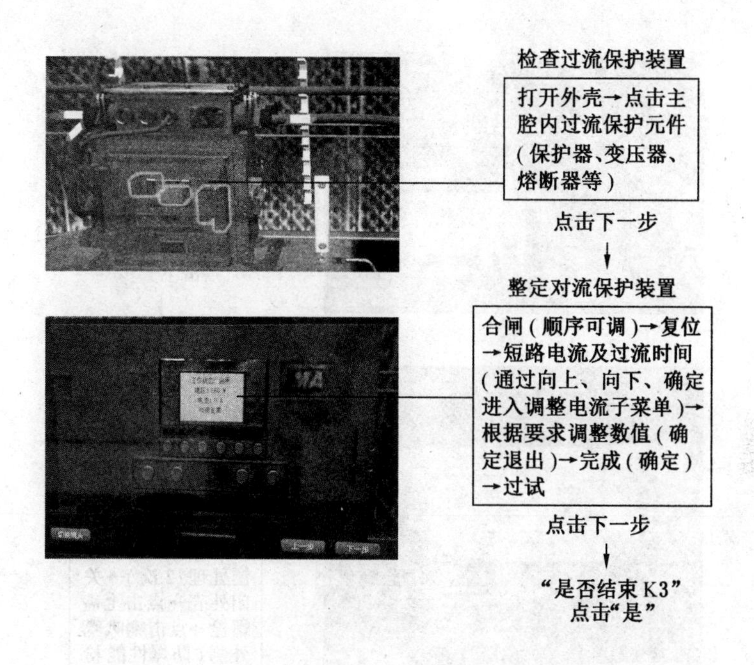

图5－13　井下电气保护装置的检查与整定安全操作

四、井下电缆连接与故障判定安全操作

井下电缆连接与故障判定安全操作如图5－14所示。

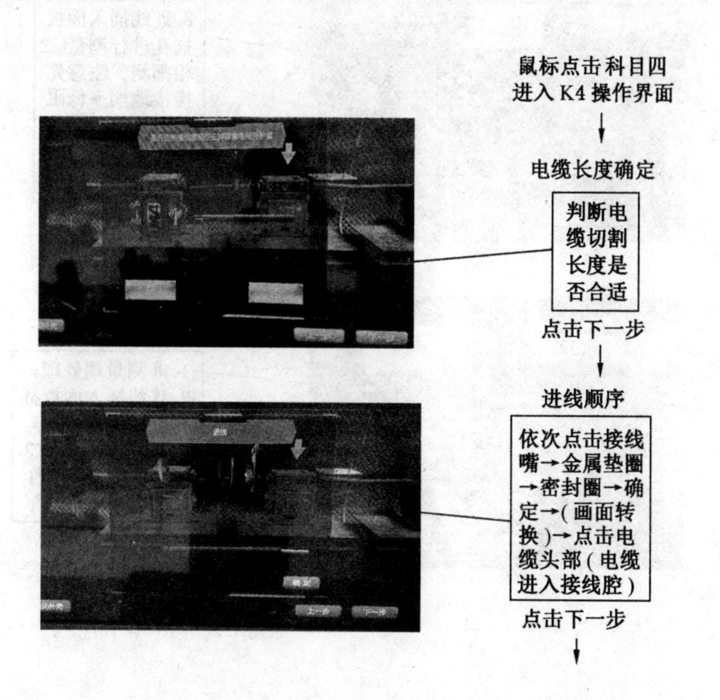

引入装置接线

1. 选择 5～15mm→点击确定；
2. 依次点击密封圈→金属垫圈→喇叭嘴→紧固螺栓→压板螺栓

点击下一步

↓

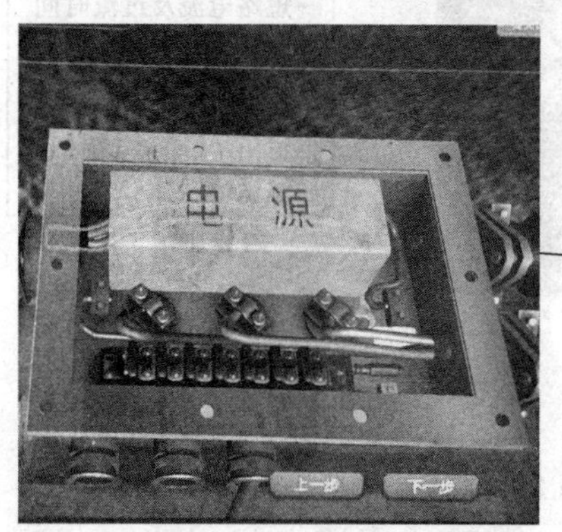

腔内主线连接

依次点击电源板→导线头（三根）→接线桩（三个接线桩各点击三次）→点击清理异物→点击隔爆面清洁及防锈处理（2 次）→关闭外壳→点击上盖螺栓→点击喇叭嘴外侧（防爆性能检查）

点击下一步

↓

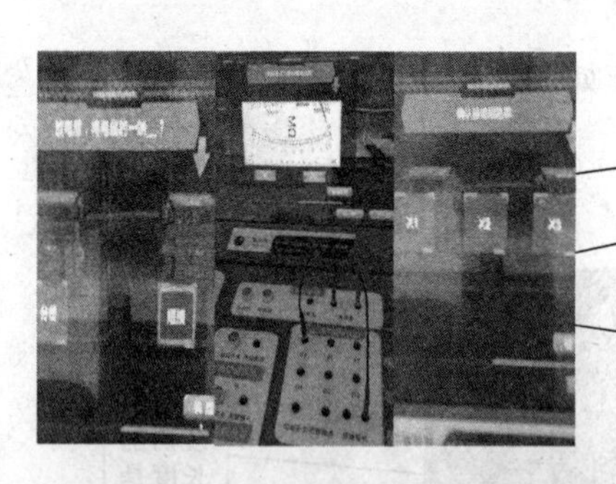

接地故障判断

1. 非测量端处理；
2. 连线插入面板插孔进行测量(三相都测，注意先接接地端→低阻或零→点击“是”)；
3. 结果判断（选择→确定）

点击下一步

↓

短路故障判断

1. 非测量端处理；
2. 连线插入面板插孔进行测量（两两相测→X1X2、X2X3、X1X3→数值为“0”→点击“是”

点击下一步

↓

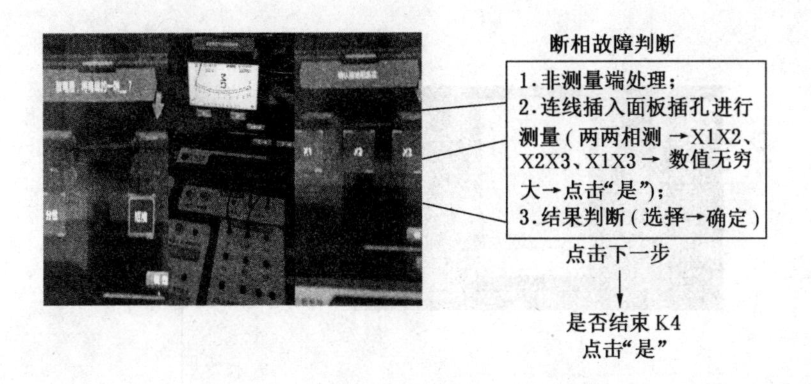

图5-14　井下电缆连接与故障判定安全操作

五、井下变配电运行安全操作

井下变配电运行安全操作如图5-15所示。

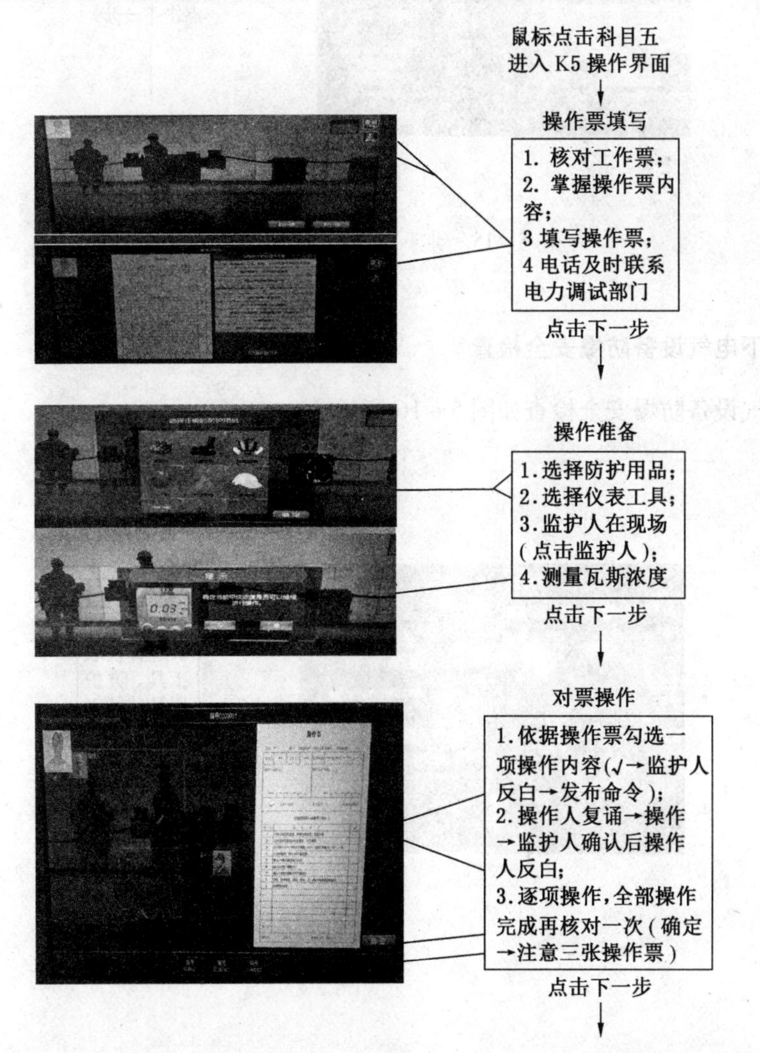

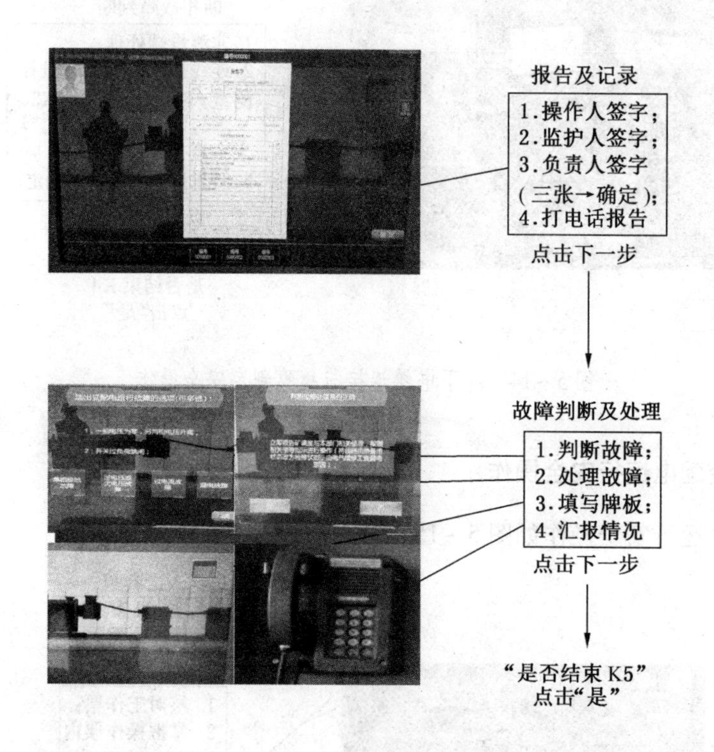

图5-15 井下变配电运行安全操作

六、井下电气设备防爆安全检查

井下电气设备防爆安全检查如图5-16所示。

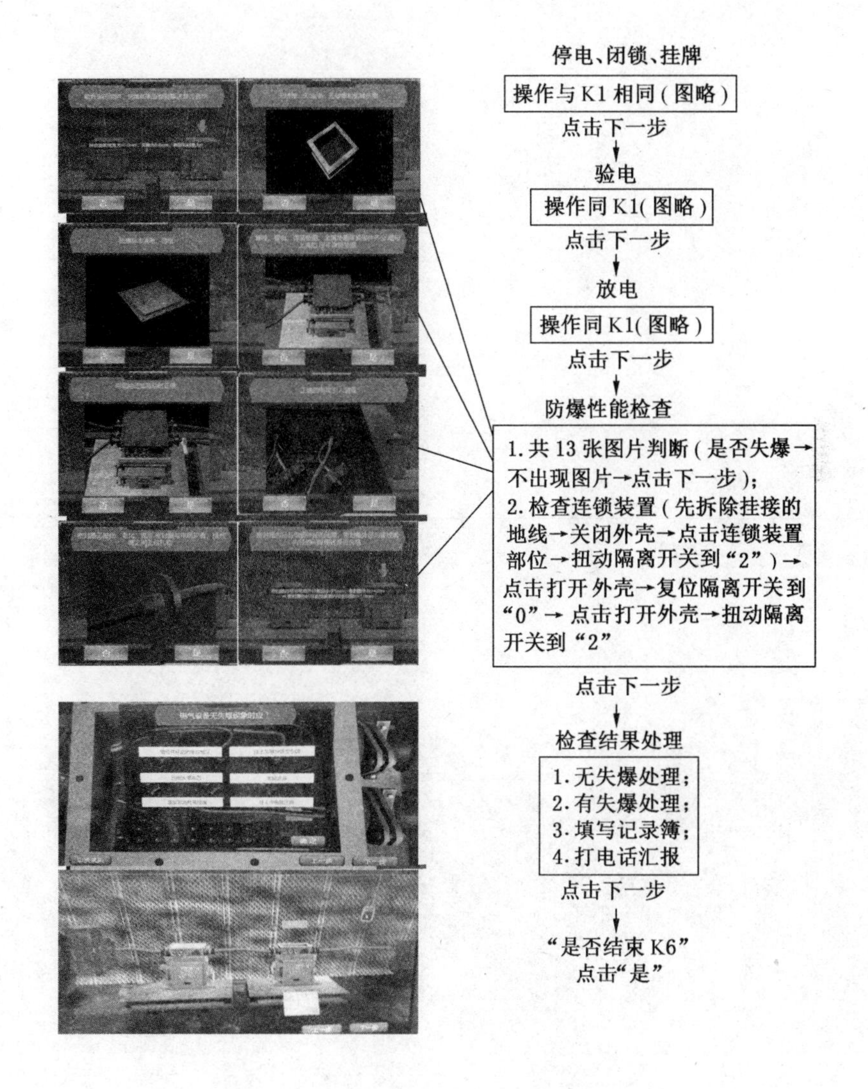

图5-16　井下电气设备防爆安全检查

说明：仿真系统训练模式与考核模式略有不同。

矿井供电设备安装与检修

工　　作　　页

目 录

学习任务一 煤矿供电系统概述 …… 123
学习活动1 明确工作任务 …… 123
学习活动2 工作前的准备 …… 123
学习活动3 现场施工 …… 124
学习活动4 总结与评价 …… 127
学习任务二 矿用隔爆兼本质安全型高压永磁机构真空配电装置 …… 129
学习活动1 明确工作任务 …… 129
学习活动2 工作前的准备 …… 129
学习活动3 现场施工 …… 130
学习活动4 总结与评价 …… 138
学习任务三 KBZ-630/1140 矿用隔爆真空智能型馈电开关 …… 140
学习活动1 明确工作任务 …… 140
学习活动2 工作前的准备 …… 141
学习活动3 现场施工 …… 141
学习活动4 总结与评价 …… 148
学习任务四 KBSGZY 系列矿用隔爆型移动变电站 …… 150
学习活动1 明确工作任务 …… 150
学习活动2 工作前的准备 …… 151
学习活动3 现场施工 …… 151
学习活动4 总结与评价 …… 155
学习任务五 井下电气作业培训考核系统（广联科技仿真系统） …… 157
学习活动1 明确工作任务 …… 157
学习活动2 工作前的准备 …… 158
学习活动3 现场施工 …… 159
学习活动4 总结与评价 …… 176

学习任务一　煤矿供电系统概述

本学习任务为中级工和高级工都应掌握的基础知识。

【学习目标】

（1）掌握煤矿供电系统的分类、应用范围。

（2）掌握煤矿井下供电的要求及电力负荷分类。

（3）掌握供电系统的构成与各部分的用途。

【建议课时】

8 学时。

【工作情景描述】

电力是煤矿企业生产的主要能源。由于井下特殊的环境，为了减少井下自然灾害对人身和设备的危害，这就要求煤矿企业采取一些特殊的供电技术和管理方法。作为一位煤矿企业的供配电技术人员都应该掌握这些知识。

学习活动 1　明确工作任务

【学习目标】

（1）掌握煤矿供电系统的分类、应用范围。

（2）掌握煤矿井下供电的要求及电力负荷分类。

（3）掌握供电系统的构成与各部分的用途。

在接到学习煤矿供电系统任务后，首先要明确煤矿企业对供电的要求和用电负荷分类等；其次了解煤矿供电系统包括井下和地面煤矿的供电系统；最后掌握供配电系统的组成及安全用电要求等内容。

学习活动 2　工作前的准备

一、工具

典型深井、浅井供电系统图（或模拟图板）范例各 1 份。

二、设备

本活动不需要设备。

三、材料与资料

典型深井、浅井供电系统图（或模拟图板）范例各1份。

学习活动3　现　场　施　工

【学习目标】

（1）掌握煤矿供电系统的分类、应用范围。

（2）掌握煤矿井下供电的要求及电力负荷分类。

（3）掌握供电系统的构成与各部分的用途。

一、应知任务

（1）供电系统接线方式的基本要求有哪些？

（2）供电系统的接线方式有哪几种？

（3）变电所的主接线方式有哪些？

（4）井下中央变电所的接线方式有哪些？

（5）采区变电所的接线方式有哪些？

二、应会任务

本学习任务要求学员能够正确识读供电系统图中的各个图形符号及功能说明，了解与掌握绘制供电系统图的要求及规范，为在工作中涉及供电系统的维护、检修和故障处理打好基础。

1. 施工任务一：正确识读供电系统图

（1）准备好某矿井供电系统图（或模拟图板）范例1份、在熟悉矿井概况的前提下，首先读懂矿井供电系统图中的图名、图形符号及其含义。你能补齐表1－1中名称和功能吗？

表1－1　矿井供电系统部分图形符号、功能说明

图例	实物图	名称	功能
QS 			
QF 			
 Y Δ			

	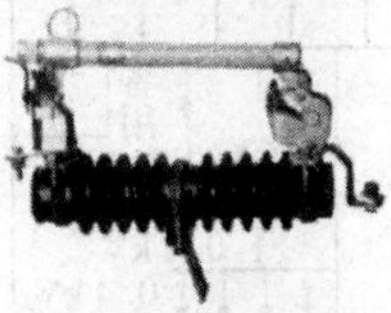		

（2）识读矿井供电系统图。在下面的供电系统图上找出电源进、出线回路数，主变压器台数，以及各级变、配电所（站）的接线方式等。

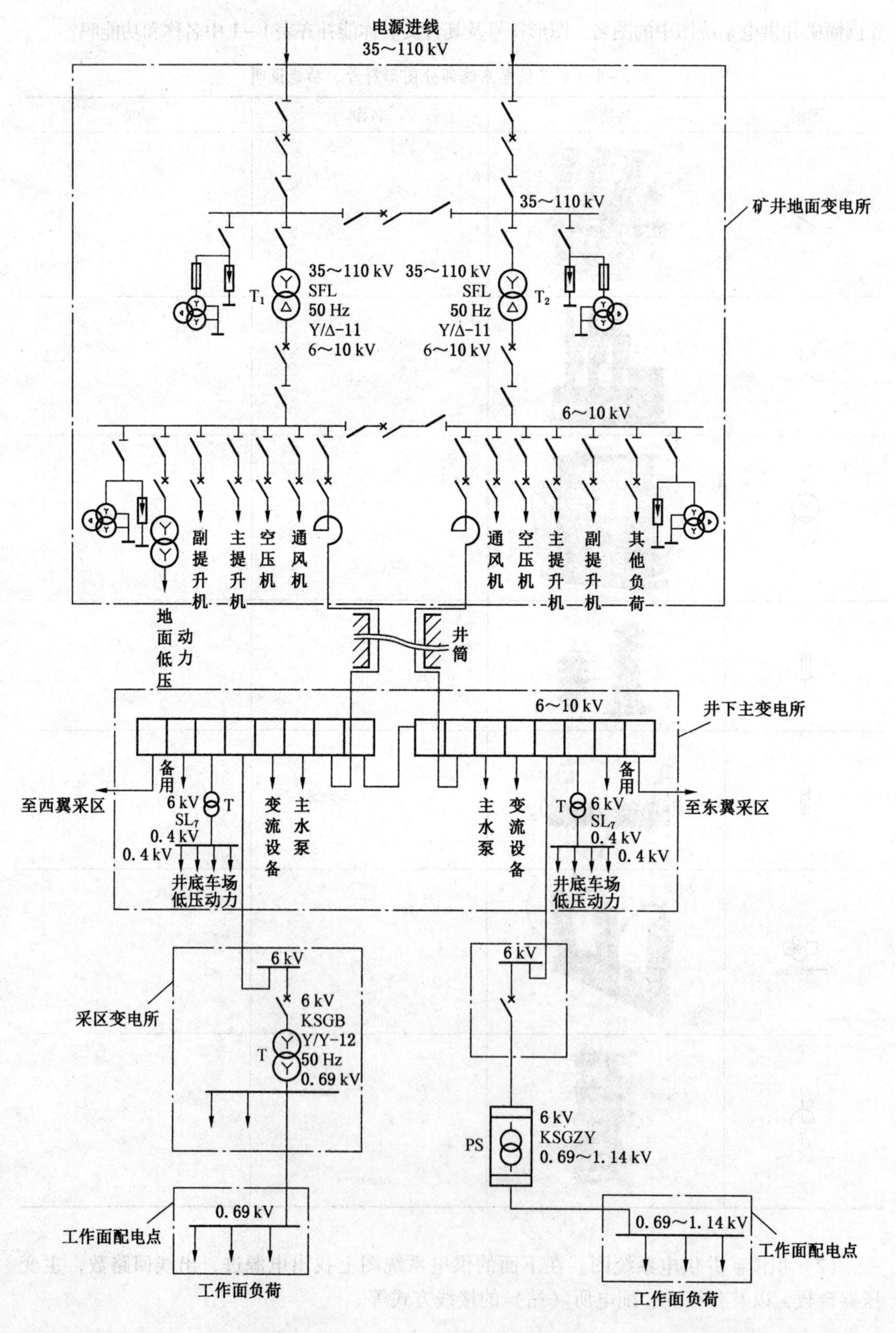

电源进线
35～110 kV
35～110 kV
矿井地面变电所
35～110 kV
SFL
50 Hz
Y/Δ-11
6～10 kV
T1
T2
6～10 kV
副提升机
主提升机
空压机
通风机
通风机
空压机
主提升机
副提升机
其他负荷
地面低压动力
井筒
井下主变电所
6～10 kV
备用
至西翼采区
至东翼采区
6 kV
SL7
0.4 kV
井底车场低压动力
变流设备
主水泵
采区变电所
6 kV
KSGB
Y/Y-12
50 Hz
0.69 kV
6 kV
KSGZY
0.69～1.14 kV
PS
工作面配电点
工作面负荷
0.69～1.14 kV

（3）根据各个变配电环节的接线方式，判断矿井供电系统在保证煤矿安全生产上采取了哪些具体措施？

2. 施工任务二：绘制矿井供电系统图

（1）煤矿供电系统图绘制的范围包括：

（2）绘制规范的要求：

（3）根据给定的某生产矿井概况，绘制出该矿井供电系统图。

3. 自我评价

学习活动4 总结与评价

一、应知任务考核标准

每题20分，满分100分。授课过程中可以根据需要增加应知部分考核内容，例如填空、判断、选择等题型，相应的配分标准根据实际考核情况做修改。

二、应会任务考核标准

1. 识读供电系统图考核标准（中级工在教师指导下完成，高级工要求独立完成）

序号	考核内容	配分	考核要求		评分标准		扣分	得分
1	识读图形符号及功能	20	按给出的符号、实物照片写出名称及功能		写错1处扣2分			
2	识读供电系统图	50	找出电源进、出线回路数，各级变、配电所（站）的接线方式等		找错1处扣3分			
3	保证安全采取的具体措施	30	根据各个变配电环节的接线方式来判断		判断错1处扣5分			
4	安全文明生产	0	遵守安全文明生产规章制度		违反安全文明生产规章制度，酌情扣5～100分，此项只扣分，不加分			
开始时间				学生姓名		考核成绩		
结束时间				指导教师	（签字）　年　月　日			
同组学生								

2. 绘制矿井供电系统图考核标准

序号	考核内容	配分	考核要求		评分标准		扣分	得分
1	煤矿供电系统图绘制的范围	30	掌握绘制范围		缺1处扣3分			
2	绘制规范的要求	20	掌握规范要求		1处不按要求绘制扣2分			
3	绘制出该矿井供电系统图	50	根据给定的某生产矿井概况绘制		绘制错误1处扣2分			
4	安全文明生产	0	遵守安全文明生产规章制度		违反安全文明生产规章制度，酌情扣5～100分，此项只扣分，不加分			
开始时间				学生姓名		考核成绩		
结束时间				指导教师	（签字）　年　月　日			
同组学生								

三、教师评价

学习任务二　矿用隔爆兼本质安全型高压永磁机构真空配电装置

本学习任务为中级工和高级工都应掌握的技能。

【学习目标】

(1) 掌握 PJG－□/10(6)Y 型结构特点和工作原理。

(2) 能正确操作 PJG－□/10(6)Y 型高压配电装置。

(3) 能够完成 PJG－□/10(6)Y 型高压配电装置主回路接线。

(4) 能够完成简单故障的排除及维修。

【建议课时】

8 课时。

【工作情景描述】

矿用隔爆高压真空配电装置常用于煤矿井下高压电气设备的停送电控制及故障保护，也可用于综采工作面全部电气设备的高压侧总开关。因此必须熟悉其结构、工作原理、主回路接线，能够对本设备进行正确的调试、安装，出现故障能及时排除。

学习活动 1　明确工作任务

【学习目标】

(1) 了解高压真空配电装置的型号含义及用途。

(2) 熟悉高压真空配电装置的结构及连锁装置。

(3) 掌握高压真空配电装置的工作原理。

在接到学习矿用隔爆兼本质安全型高压永磁机构真空配电装置学习任务后，要求操作工掌握高压真空配电装置的工作原理、高压真空配电装置的结构及连锁装置；井下高压电气设备及综采工作面由于检修、故障等原因，需要电工对本设备进行操作与维护。

学习活动 2　工作前的准备

一、工具

2500 V 兆欧表 1 只、万用表 1 只、套筒扳手 1 套、电工工具 1 套、活络扳手 30 mm 1 个、十字旋具 20 mm 1 个、小旋具（一字、十字）1 套、斜嘴钳 1 个、本设备专用工具、高压真空断路器专用工具 1 套、三相调压器 1 kV·A 1 台。

二、设备

PJG－□/10(6)Y 矿用隔爆型高压真空配电装置。

三、材料与资料

绝缘胶布 2 盘、电缆（高压橡套屏蔽）50 m、胶质线 1 盘、1.5 V 小灯泡 3 个、劳保用品、工作服、绝缘鞋若干，PJG－□/10(6)Y 矿用隔爆型高压真空配电装置产品说明书。

学习活动 3　现　场　施　工

【学习目标】

（1）能正确操作 PJG－□/10(6)Y 型高压配电装置。

（2）能够完成 PJG－□/10(6)Y 型高压配电装置主回路接线。

（3）掌握高压配电装置的调试、安装和操作注意事项。

（4）能够完成简单故障的排除及维修。

一、应知任务

（1）永磁机构的优点有哪些？

（2）永磁机构真空配电装置工作原理是什么？

（3）ZNCK－6A 型智能保护测控单元具有哪些保护？

（4）永磁机构真空配电装置的主要电气元件包括什么？

二、应会任务

1. 施工任务一：PJG－630/6(10)Y 矿用隔爆型高压真空配电装置的安装接线与调试

1）训练准备

（1）分组准备。在实习指导教师的组织下，由实习学生参与，根据场地及工位情况将全体人员分成若干小组并指定小组负责人。

（2）场地、设备及材料准备。在实习指导教师的指导下，由实习学生参与进行实习场地的整理、实习设备的布置及材料的分发。

（3）仪器、仪表及电工工具准备。在实习指导教师的指导下，由实习学生参与进行实习用的仪器、仪表的布置或分配以及电工工具的分发。

2）开关门操作

（1）说明具体的机械闭锁关系。由学生说明该高压真空配电装置中的机械闭锁关系存在于哪些电气元件之间或哪些部分之间。

（2）指出机械闭锁的具体情况。由学生针对具体的高压真空配电装置说明其机械闭锁的详细情况及操作的注意事项和要求。

（3）完成开关门操作。在实习指导教师的指导下，由学生按照要求和正确的步骤打开高压真空配电装置的门盖。

3）抽出机芯

（1）熟悉电气元件。在实习指导教师的指导下，认识电气元件及熟悉电气元件作用。

（2）查找接线。在实习指导教师的指导下，由学生根据电路图，依照实物对应关系查找相关接线。

4）试验与整定

（1）智能测控单元的试验。在实习指导教师的许可和监护下，送入 100 V 三相交流电，对智能测控单元性能进行检测。

（2）保护功能试验。智能测控单元性能检测后，按要求进行过流、漏电与监视等相关试验，试验完毕后，必须按“复位”按钮。

（3）智能保护测控单元工作参数整定。在实习指导教师的监护下，逐一完成综合保护装置各项参数的整定。

5）高压真空断路器的调整

（1）高压真空断路器的真空灭弧室的开距调整。在实习指导教师的指导下，按操作步骤进行真空断路器的真空灭弧室的行程、超行程的调整。

（2）三相同期调整。按操作步骤进行3个真空断路器的真空灭弧室的吸合与分断时的同步调整。

（3）仔细观察高压真空断路器灭弧室，判断是否漏气。

6）完成接线

（1）内部接线。试验与整定完毕，进行内部导线的恢复。

（2）按工艺要求完成高压真空配电装置与6 kV电源的连接，并进行全面检查。

7）高压送电操作

观察高压真空配电装置运行情况，查看显示屏页面的运行参数是否正常，听一听有无异常声响，详细记录各项运行参数，最后确认高压真空配电装置运行是否正常。

8）高压停电操作

（1）明确操作规程。在实习指导教师的指导下，填写操作票。

（2）明确操作顺序。由学生列出具体的停电操作步骤及注意事项。

（3）在实习指导教师的监护下，严格执行操作票制度，由学生完成停电操作。

9）清理现场

操作完毕后，在教师的监护下，关闭电源，拆线。收拾工具器材、仪表及设备，整理工作场所，并请指导教师验收。

2. 施工任务二：PJG－630/6(10)Y 型矿用隔爆型高压真空配电装置的维修

1）训练准备

（1）分组准备。在实习指导教师的组织下，由实习学生参与，根据场地及工位情况将全体人员分成若干小组并指定小组负责人。

（2）场地、设备及材料准备。在实习指导教师的指导下，由实习学生参与进行实习场地的整理、实习设备的布置及材料的分发。

（3）仪器、仪表及电工工具准备。在实习指导教师的指导下，由实习学生参与进行实习用的仪器、仪表的布置或分配以及电工工具的分发。

2）开关门操作

（1）明确具体的机械闭锁关系。由学生说明该高压真空配电装置中的机械闭锁关系存在于哪些电气元件之间或哪些部分之间。

（2）指出机械闭锁的具体情况。由学生针对具体的高压真空配电装置说明其机械闭锁的详细情况及操作的注意事项和要求。

（3）完成开关门操作。在实习指导教师的指导下，由学生按照要求和正确的步骤打开高压真空配电装置的门盖。

3）故障信息收集

（1）询问故障时现场人员是否听到或看到有关的异常现象，如出现声响、火花等。

（2）详细查看故障设备外部和内部有无烧焦、脱落、裂痕、缺陷等异常状况。

（3）用2500 V兆欧表对高压电缆进行相间及三相对地的绝缘检测，进一步收集故障信息。

4）故障分析

在实习指导教师的指导下，学生根据故障现象进行故障分析和排查。

（1）针对故障的各种现象和信息进行原因分析，明确造成该故障的各种可能情况，并一一列出来。

（2）先在电路图中标出故障范围，对照实物列出可能的故障元件或故障部位。

（3）根据该高压真空配电装置的情况及故障元件或故障部位出现的频率及查找的难易程度，明确查找故障元件或故障部位可能的顺序。

5）确定故障点，排除故障

经实习指导教师检查同意后，学生根据自己对故障原因的分析进行故障排除。

（1）依照查找故障可能的顺序，选用正确的仪表、工具逐一排查，直到检查出故障元件或故障部位。

（2）若带电操作，必须在实习指导教师的许可和监护下按照操作规程进行。

（3）选用正确的方法及合适的仪器、仪表、工具进行更换或修复电气元件等操作，排除故障。

（4）在故障排除过程中，要规范操作，严禁扩大故障范围或产生新的故障。

6）排除故障后通电试运行

故障排除后，要在实习指导教师的许可和监护下送电试运行，以观察高压真空配电装置的运行情况，确认故障已排除。

7）清理现场

操作完毕后，在指导教师的监护下，关闭电源，拆线。收拾工具器材、仪表及设备，整理工作场所，并请指导教师验收。

3. 自我评价

学习活动4 总结与评价

一、应知部分考核标准

每题20分，满分100分。授课过程中可以根据需要增加应知部分考核内容，例如填空、判断、选择等考核题型，相应的配分标准根据实际考核情况做修改。

二、应会部分考核标准

1. PJG－630/6(10)Y矿用隔爆型高压真空配电装置的安装接线与调试考核标准

序号	考核内容	配分	考核要求	评分标准	扣分	得分
1	训练准备	10	分组准备;场地、设备及材料准备;仪器、仪表及电工工具准备	1项准备不到位扣2分		
2	开关门操作	10	熟悉机械闭锁机构,正确开合门盖	1. 不能正确打开门盖扣2分; 2. 不能正确合上门盖扣2分		
3	抽出机芯	10	根据电路图,查找相应接线	查找接线1处错误扣2分		
4	试验与整定	20	根据规定的供电,逐一完成综合保护装置各项参数的整定	1处未整定扣3分		
5	高压真空断路器的调整	20	按操作步骤完成开距调速和三相同期调速	缺1步扣2分		
6	完成接线	10	按工艺要求完成	未按工艺要求完成,1处扣2分		
7	高压送电操作	20	根据装置运行情况和运行参数完成	少1处扣2分		
8	高压停电操作	20	按操作规程和操作顺序完成	未按要求完成,1处扣2分		
9	清理现场	10	操作完毕,整理工作场所	有1处未清理扣2分		
10	安全文明生产	0	遵守安全文明生产规章制度	违反安全文明生产规章制度,酌情扣5～100分,此项只扣分,不加分		

开始时间		学生姓名		考核成绩	
结束时间		指导教师	（签字） 年 月 日		
同组学生					

2. PJG－630/6(10)Y 型矿用隔爆型高压真空配电装置的维修考核标准

序号	考核内容	配分	考核要求	评分标准	扣分	得分
1	训练准备	10	分组准备;场地、设备及材料准备;仪器、仪表及电工工具准备	1 项准备不到位扣 2 分		
2	开关门操作	10	熟悉机械闭锁机构,正确开合门盖	1. 不能正确打开门盖扣 2 分; 2. 不能正确合上门盖扣 2 分		
3	故障信息收集	20	准确、完整地收集故障信息	1. 不能正确进行设备内外检查,缺 1 项扣 2 分; 2. 不询问故障现象,每次扣 2 分		
4	故障分析	10	对故障现象进行分析判断,在电气控制线路上分析故障可能的原因,思路正确	1. 错标、标不出故障范围扣 2 分; 2. 不能标注最小的故障范围,每个故障点扣 2 分		
5	排除故障	20	据故障原因分析,进行故障排除	方法错误扣 1 分; 操作不规范扣 1 分; 顺序错误扣 1 分		
6	试运行	20	按顺序进行通电、运行、断电操作	顺序错误扣 3 分; 运行参数记录错误一项扣 1 分		
7	清理现场	10	操作完毕,整理工作场所	有 1 处未清理扣 2 分		
8	安全文明生产	0	遵守安全文明生产规章制度	违反安全文明生产规章制度,酌情扣 5～100 分,此项只扣分,不加分		
开始时间		学生姓名		考核成绩		
结束时间		指导教师		(签字)　年　月　日		
同组学生						

三、教师评价

学习任务三 KBZ－630/1140矿用隔爆真空智能型馈电开关

本学习任务为中级工和高级工应掌握的技能。

【学习目标】

（1）掌握KBZ－400/1140矿用隔爆真空智能型馈电开关的用途、结构及型号含义。

（2）掌握KBZ－400/1140矿用隔爆真空智能型馈电开关的电气工作原理。

（3）掌握KBZ－400/1140矿用隔爆真空智能型馈电开关主要电气元件的位置及作用。

（4）掌握KBZ－400/1140矿用隔爆真空智能型馈电开关的工作过程。

（5）能够对KBZ－400/1140矿用隔爆真空智能型馈电开关进行常见故障排除。

【建议课时】

8课时。

【工作情景描述】

KBZ－400/1140矿用隔爆真空智能型馈电开关，可作为线路总开关和分路开关，向各低压用电设备输送电能，或与移动变压器配套使用，也可作为大容量电动机不频繁启动用，具有过载、短路、欠压、漏电闭锁和漏电保护等功能。因此，正确地操作及维护维修真空馈电开关是专业电工的必备技能。

为了正确地操作、安装和维护真空馈电开关，需了解它的用途、结构、工作原理等知识。

学习活动1 明确工作任务

【学习目标】

（1）掌握KBZ－400/1140矿用隔爆真空智能型馈电开关的用途、结构及型号含义。

（2）掌握KBZ－400/1140矿用隔爆真空智能型馈电开关的电气工作原理。

（3）掌握KBZ－400/1140矿用隔爆真空智能型馈电开关主要电气元件的位置及作用。

煤矿井下工作条件恶劣，负荷变动较大；同时采掘工作面需不断移动。因此，KBZ－400/1140矿用隔爆真空智能型馈电开关作为低压配电开关，需要不定期进行维护、调整、安装及检修，以满足安全生产的要求。

学习活动2　工作前的准备

一、工具

常用电工工具1套，验电笔、十字旋具、一字旋具、剥线钳、扁嘴钳各1个，瓦检仪1台，停电闭锁牌1块，数字式万用表、1000 V兆欧表、钳形电流表各1只。

二、设备

KBZ－400/1140 矿用隔爆真空智能型馈电开关1台。

三、材料与资料

绝缘胶布及胶质线、2.5 mm^2 控制电缆、直径32 mm橡套电缆若干，劳保用品、工作服、绝缘手套、绝缘鞋，KBZ－400/1140 矿用隔爆真空智能型馈电开关产品说明书一份。

学习活动3　现　场　施　工

【学习目标】

（1）熟悉 KBZ－400/1140 矿用隔爆真空智能型馈电开关的结构与工作过程。

（2）掌握 KBZ－400/1140 矿用隔爆真空智能型馈电开关的操作与整定方法。

（3）掌握 KBZ－400/1140 矿用隔爆真空智能型馈电开关的常见故障排除方法。

本学习任务要掌握 KBZ－400/1140 矿用隔爆真空智能型馈电开关的操作与整定方法及常见故障排除方法。

一、应知任务

（1）KBZ－400/1140 矿用隔爆真空智能型馈电开关的用途有哪些？

（2）KBZ－400/1140 矿用隔爆真空智能型馈电开关内部主要电气元件有哪些？

（3）KBZ－400/1140 矿用隔爆真空智能型馈电开关的电气工作原理是什么？

（4）KBZ－400/1140 矿用隔爆真空智能型馈电开关主要电气元件的位置及作用是什么？

（5）KBZ－400/1140 矿用隔爆真空智能型馈电开关的工作过程？

二、应会任务

1. 施工任务一：KBZ－400 矿用隔爆真空智能型馈电开关安装调试

1）训练准备

（1）分组准备。在实习指导教师的组织下，由实习学生参与，根据场地及工位情况将全体人员分成若干小组并指定小组负责人。

（2）场地、设备及材料准备。在实习指导教师的指导下，由实习学生参与进行实习场地的整理、实习设备的布置及材料的分发。

（3）仪器、仪表及电工工具准备。在实习指导教师的指导下，由实习学生参与进行实习用的仪器、仪表的布置或分配及电工工具的分发。

2）开关门操作

（1）说明具体的机械闭锁关系。由学生说明该真空馈电开关的机械闭锁关系存在于哪些电气元件之间或哪些部分之间。

（2）指出机械闭锁的具体情况。由学生针对具体的真空馈电开关说明其机械闭锁的详细情况及操作的注意事项和要求。

（3）完成开关门操作。在实习指导教师的指导下，由学生按照要求和正确的步骤打开真空馈电开关的门盖。

3）抽出机芯

（1）熟悉电气元件。在实习指导教师的指导下，认识电气元件并熟悉其作用。

（2）查找接线。在实习指导教师的指导下，由学生根据电路图，依照实物对应关系查找相应接线。

4）试验与整定

（1）低压馈电综合保护器的试验。在实习指导教师的许可和监护下，送入 50 V 交流电对低压馈电综合保护器的试验性能进行检测。

（2）ZLDB－Ⅱ型智能化综合保护器工作参数整定。在实习指导教师的监护下，根据规定的供电逐一完成综合保护装置各项参数的整定。

5）完成接线

（1）内部接线。试验与整定完毕，进行内部导线的恢复。

（2）按工艺要求完成 KBZ－400/1140 矿用隔爆真空智能型馈电开关与低压 1140 V 电源的连接，并进行全面检查。

6）调试后通电试运行

完成调试后，要在实习指导教师的许可和监护下送电试运行，以观察真空馈电开关的运行情况。

（1）通电。在实习指导教师的许可和监护下，按送电的正确顺序进行送电。

（2）运行。详细观察运行状态并仔细记录试运行参数。

（3）断电。按正确的断电顺序进行断电操作。

7）清理现场

操作完毕后，在指导教师的监护下，关闭电源，拆线。收拾工具器材、仪表及设备，整理工作场所，并请指导教师验收。

2. 施工任务二：KBZ－400 矿用隔爆真空智能型馈电开关的故障排除

1）训练准备

（1）分组准备。在实习指导教师的组织下，由实习学生参与，根据场地及工位情况将全体人员分成若干小组并指定小组负责人。

（2）场地、设备及材料准备。在实习指导教师的指导下，由实习学生参与进行实习场地的整理、实习设备的布置及材料的分发。

（3）仪器、仪表及电工工具准备。在实习指导教师的指导下，由实习学生参与进行实习用的仪器、仪表的布置或分配及电工工具的分发。

2）开关门操作

（1）说明具体的机械闭锁关系。由学生说明该真空馈电开关的机械闭锁关系存在于哪些电气元件之间或哪些部分之间。

（2）指出机械闭锁的具体情况。由学生针对具体的真空馈电开关说明其机械闭锁的详细情况及操作的注意事项和要求。

（3）完成开关门操作。在实习指导教师的指导下，由学生按照要求和正确的步骤打开真空馈电开关的门盖。

3）故障信息收集

（1）询问故障时现场人员是否听到或看到有关的异常现象，如出现声响、火花等。

（2）详细察看故障设备外部和内部有无烧焦、脱落、裂痕等异常状况。

（3）在实习指导教师的许可和监护下送电（允许的话），进一步察看故障现象及收集相关信息。

4）故障分析

在实习指导教师的指导下，学生根据故障现象进行分析排查。

（1）针对所出故障的各种现象和信息进行原因分析，明确造成该故障的各种可能的情况，并一一列出来。

（2）先在电路图中标出故障范围，对照实物列出可能的故障元件或故障部位。

（3）根据该真空馈电开关的情况及故障元件或故障部位出现的频率及查找的难易程度，明确查找故障元件或故障部位可能的顺序。

5）确定故障点，排除故障

经实习指导教师检查同意后，学生根据自己对故障原因的分析进行故障排除。

（1）依照查找故障可能的顺序，选用正确的仪表、工具逐一排查，直到检查出故障元件或故障部位。

（2）选用正确的方法及合适的仪器、仪表、工具进行更换或修复等操作，排除故障。

（3）在故障排除过程中，要规范操作，严禁扩大故障范围或产生新的故障。

6）排除故障后通电试运行

在故障排除后，要在实习指导教师的许可和监护下送电试运行，以观察真空馈电开关的运行情况，确认故障已排除。

（1）通电。在实习指导教师的许可和监护下，按送电的正确顺序进行送电。先送馈电后送磁力起动器，再启动电动机。

（2）断电。按正确的断电顺序进行断电操作。

7）清理现场

操作完毕后，在指导教师的监护下，关闭电源，拆线。收拾工具器材、仪表及设备，整理工作场所，并请指导教师验收。

3. 自我评价

学习活动4　总 结 与 评 价

一、应知部分考核标准

每题20分，满分100分。授课过程中可以根据需要增加应知部分考核内容，例如填空、判断、选择等考核题型，相应的配分标准根据实际考核情况做修改。

二、应会部分考核标准

1. KBZ－400矿用隔爆真空智能型馈电开关安装调试考核标准

序号	考核内容	配分	考核要求	评分标准	扣分	得分
1	训练准备	10	分组准备；场地、设备及材料准备；仪器、仪表及电工工具准备	1项准备不到位扣2分		
2	开关门操作	10	熟悉机械闭锁机构，正确开合门盖	1. 不能正确打开门盖扣2分； 2. 不能正确合上门盖扣2分		
3	抽出机芯	10	根据电路图，查找相应接线	查找接线，1处错误扣2分		
4	试验与整定	20	根据规定的供电，逐一完成综合保护装置各项参数的整定	1处未整定扣3分		
5	接线	20	试验与整定完毕，进行内部导线的恢复	未按工艺要求完成接线，1处扣2分		
6	试运行	20	按顺序进行通电、运行、断电操作	顺序错误扣3分； 运行参数记录错误，1项扣1分		
7	清理现场	10	操作完毕，整理工作场所	1处未清理扣2分		
8	安全文明生产	0	遵守安全文明生产规章制度	违反安全文明生产规章制度，酌情扣5～100分，此项只扣分，不加分		
开始时间			学生姓名		考核成绩	
结束时间			指导教师	（签字）　年　月　日		
同组学生						

2. KBZ－400矿用隔爆真空智能型馈电开关的故障排除考核标准

序号	考核内容	配分	考核要求	评分标准	扣分	得分
1	训练准备	10	分组准备;场地、设备及材料准备;仪器、仪表及电工工具准备	1项准备不到位扣2分		
2	开关门操作	10	熟悉机械闭锁机构,正确开合门盖	1. 不能正确打开门盖扣2分; 2. 不能正确合上门盖扣2分		
3	故障信息收集	10	根据故障现象认真收集信息	信息收集缺1项扣2分		
4	故障分析	10	根据故障现象分析排查	分析排查错误1项扣2分		
5	排除故障	30	据故障原因分析,进行故障排除	方法错误扣1分; 操作不规范扣1分; 顺序错误扣1分		
6	试运行	20	按顺序进行通电、运行、断电操作	顺序错误扣3分; 运行参数记录错误一项扣1分		
7	清理现场	10	操作完毕,整理工作场所	1处未清理扣2分		
8	安全文明生产	0	遵守安全文明生产规章制度	违反安全文明生产规章制度,酌情扣5～100分,此项只扣分,不加分		

开始时间		学生姓名		考核成绩
结束时间		指导教师		（签字）　年　月　日
同组学生				

三、教师评价

学习任务四　KBSGZY 系列矿用隔爆型移动变电站

本学习任务为中级工和高级工应掌握的技能。

【学习目标】

(1) 了解 KBSGZY 系列矿用隔爆型移动变电站的外部结构组成。

(2) 了解 KBSGZY 系列矿用隔爆型移动变电站的使用注意事项。

(3) 掌握 KBG－250/6Y 型矿用隔爆型移动变电站用高压开关的结构及电气原理。

(4) 熟练掌握 KBG－250/6Y 型矿用隔爆型移动变电站用高压开关分合闸操作，并能进行简单故障分析与处理

(5) 掌握 BXB－800/1140(660)Y 型矿用隔爆型移动变电站用低压侧保护箱的功能及电气原理。

(6) 熟练掌握 BXB－800/1140(660)Y 型矿用隔爆型移动变电站用低压侧保护箱的分合闸操作、安装及维护，并能排除简单的故障。

【建议课时】

8 课时。

【工作情景描述】

随着采掘工作面机械化程度越来越高，机电设备的单机容量（超过 1000 kW）和工作面总容量（达到将近 3000 kW）都有了很大的增加。同时，由于机械化程度的提高，采区走向长度加长，从而使供电距离加大。在一定工作电压下，输送功率越大，电网的损失也越大，电动机的端电压就越低，这将影响用电设备的正常工作。采用移动变电站缩短低压供电距离，既经济又能保证供电质量，同时可提高用电设备的电压等级，满足综合机械化采煤要求。

矿用隔爆移动变电站是一种具有变压及高、低压控制和保护功能并可随工作面移动的组合供电设备。

学习活动 1　明确工作任务

【学习目标】

(1) 了解 KBSGZY 系列矿用隔爆型移动变电站的外部结构组成。

(2) 了解 KBSGZY 系列矿用隔爆型移动变电站的使用注意事项。

(3) 掌握 KBG－250/6Y 型矿用隔爆型移动变电站用高压开关的结构及电气原理。

（4）掌握 BXB－800/1140(660)Y 型矿用隔爆型移动变电站用低压侧保护箱的功能及电气原理。

KBSGZY 矿用隔爆型移动变电站是一种可移动的成套供、变电装置。它适用于有甲烷混合气体和煤尘等有爆炸危险的矿井，可将 6 kV 电源转换成 693(660)V、1200(1140)V、3450(3300)V 煤矿井下所需的低压电源。因此专业电工必须掌握其使用注意事项及其电气工作原理。

学习活动 2　工作前的准备

一、工具

常用电工工具 1 套，验电笔、十字旋具、一字旋具各 1 个，万用表、兆欧表、钳形电流表各 1 只。

二、设备

KBSGZY 系列矿用移动变电站（KBG－250/6Y 型矿用隔爆型移动变电站用高压开关；BXB－800/1140(660)Y 型矿用隔爆型移动变电站用低压侧保护箱）。

三、材料与资料

KBSGZY 系列矿用移动变电站使用说明书、劳保用品、工作服、绝缘手套、绝缘鞋。

学习活动 3　现　场　施　工

【学习目标】

（1）熟练掌握 KBG－250/6Y 型矿用隔爆型移动变电站用高压开关分合闸操作，并能进行简单故障分析与处理

（2）熟练掌握 BXB－800/1140(660)Y 型矿用隔爆型移动变电站用低压侧保护箱的分合闸操作、安装及维护，并能排除简单故障。

一、应知任务

（1）移动变电站的结构特点有哪些？

（2）KBSGZY 型移动变电站使用注意事项有哪些？

（3）BXB－800/1140(660)Y 型矿用隔爆型移动变电站用低压侧保护箱工作原理是什么？

（4）KBG－250/6Y 型矿用隔爆型移动变电站用高压真空开关主要特点有哪些？

（5）简述 BXB－800/1140(660)Y 型矿用隔爆移动变电站用低压侧保护箱的漏电试验工作原理。

二、应会任务

任务实施：KBSGZY 型移动变电站安装调试的实训步骤

1. 训练准备

（1）分组准备。在实习指导教师的组织下，由实习学生参与，根据场地及工位情况将全体人员分成若干小组并指定小组负责人。

（2）场地、设备及材料准备。在实习指导教师的指导下，由实习学生参与进行实习场地的整理、实习设备的布置及材料的分发。

(3) 仪器、仪表及电工工具准备。在实习指导教师的指导下，由实习学生参与进行实习用的仪器、仪表的布置或分配及电工工具的分发。

2. 干式变压器器身检查

(1) 熟悉检查范围及内容标准。在实习指导教师的指导下，依据检查项目内容逐项检查其是否符合标准要求。

3. 分合闸操作

(1) KBG－250/6Y 型矿用隔爆型移动变电站用高压开关分合闸操作。在实习指导教师的许可和监护下进行操作。

(2) BXB－800/1140(660)Y 型矿用隔爆型移动变电站用低压侧保护箱。在实习指导教师的监护下进行操作。

4. 简单故障排除

1) 故障信息收集

(1) 询问故障时现场人员是否听到或看到有关的异常现象，如出现声响、火花等。

(2) 详细查看故障设备外部和内部有无烧焦、脱落、裂痕、缺陷等异常状况。

(3) 在实习指导教师的许可和监护下，送电（允许的话）进一步察看故障现象及收集相关信息。

(4) 将收集到的故障信息进行分类，并详细记录。

2）故障分析

在实习指导教师的指导下，学生根据故障现象进行分析排查。

(1) 针对所出故障的各种现象和信息进行原因分析，明确造成该故障的各种可能情况，并一一列出来。

(2) 先在电路图中标出故障范围，对照实物列出可能的故障元件或故障部位。

(3) 根据 KBSGZY 型移动变电站的情况及故障元件或故障部位出现的频率及查找的难易程度，明确查找故障元件或故障部位可能的顺序。

3）确定故障点，排除故障

经实习指导教师检查同意后，学生根据自己对故障原因的分析进行故障排除。

(1) 依照查找故障可能的顺序，选用正确的仪表、工具逐一排查，直到检查出故障元件或故障部位。

（2）若带电操作，必须在指导教师的许可和监护下按照操作规程进行。

（3）选用正确的方法及合适的仪器、仪表、工具进行更换或修复等操作，排除故障。

（4）在故障排除过程中，要规范操作，严禁扩大故障范围或产生新的故障。

4）排除故障后通电试运行

故障排除后，要在实习指导教师的许可和监护下送电试运行，以观察运行情况，确认故障已排除。

5. 清理现场

操作完毕后，在指导教师的监护下，关闭电源，拆线。收拾工具器材、仪表及设备，整理工作场所，并请指导教师验收。

6. 自我评价

学习活动4　总 结 与 评 价

一、应知部分考核标准

每题 20 分，满分 100 分。授课过程中可以根据需要增加应知部分考核内容，例如填空、判断、选择等考核题型，相应的配分标准根据实际考核情况做修改。

二、应会部分考核标准

序号	考核内容	配分	考核要求	评分标准	扣分	得分
1	训练准备	10	分组准备;场地、设备及材料准备;仪器、仪表及电工工具准备	1项准备不到位扣2分		
2	器身检查	20	逐项检查是否符合要求	缺1项扣2分		
3	分合闸操作	20	按操要求和步骤进行正确操作	操作顺序错误扣2分		
4	故障排除	40	对故障信息进行收集、分析排查、排除故障	缺1项扣2分		
5	清理现场	10	操作完毕,整理工作场所	有1处未清理扣2分		
6	安全文明生产	0	遵守安全文明生产规章制度	违反安全文明生产规章制度,酌情扣5～100分,此项只扣分,不加分		

开始时间		学生姓名		考核成绩	
结束时间		指导教师	（签字） 年 月 日		
同组学生					

三、教师评价

学习任务五　井下电气作业培训考核系统（广联科技仿真系统）

本学习任务为中级工和高级工都应掌握的技能。

【学习目标】

（1）掌握井下低压电气设备停送电安全操作（K1）。

（2）掌握井下风电、甲烷电闭锁接线安全操作（K2）。

（3）掌握井下电气保护装置检查与整定安全操作（K3）。

（4）掌握井下电缆连接与故障判断安全操作（K4）。

（5）掌握井下变配电运行安全操作（K5）。

（6）掌握井下电气设备防爆安全检查（K6）。

【建议课时】

8 课时。

【工作情景描述】

井下电气作业人员工作场所环境恶劣，危险性高，极易发生伤亡事故。井下电气作业人员的操作技能、安全意识直接关系到煤矿的安全生产。因而对井下电气作业人员进行培训，提高操作者岗位技能和安全意识，做到持证上岗，是避免和减少事故的前提和基础；同时也是保证煤矿安全生产，降低事故概率的重要措施。

学习活动 1　明确工作任务

【学习目标】

（1）掌握（K1－K6）相关安全基础知识。

（2）熟练掌握（K1－K6）的相关操作技能。

虽然仿真系统中的场景与实际工作场景有一定的差异，其操作依靠鼠标、连接线、面板插孔及按钮等来完成，与实际操作的差别较大。但是，其操作过程、顺序、要求及注意事项与实际操作完全一致，通过仿真系统的操作训练，有利于提升井下电气作业人员岗位技能。

学习活动2　工作前的准备

一、工具

常用电工工具1套，十字旋具、一字旋具各1个，万用表1只。

二、设备

广联科技有限公司井下电气作业虚拟仿真训练与考核装置3台。

三、材料与资料

使用说明书若干。

广联科技井下电气作业虚拟仿真训练与考核装置操作面板布置如图5－1所示，显示屏如图5－2所示。

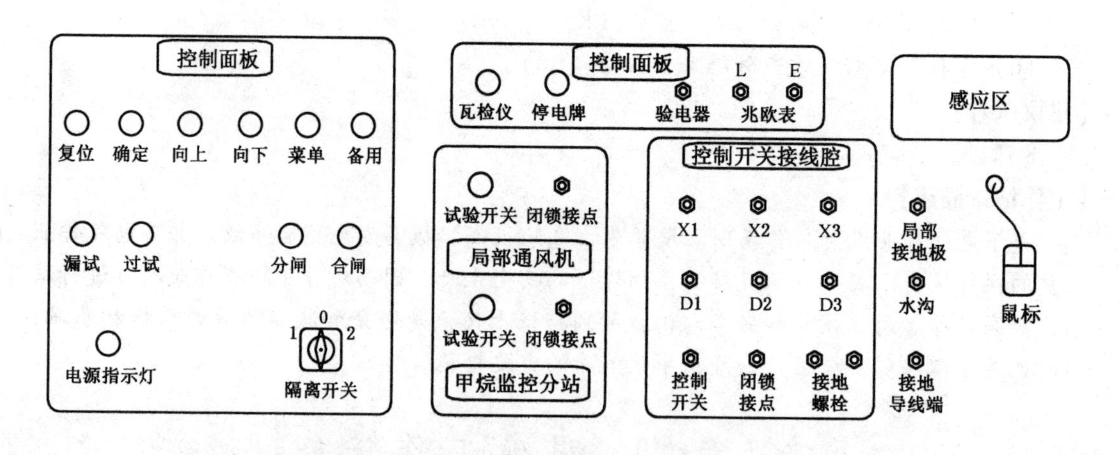

图5－1　广联科技井下电气作业虚拟仿真训练与考核装置操作面板

图5－2　煤矿井下电气作业虚拟仿真显示屏

学习活动3　现　场　施　工

【学习目标】

（1）了解仿真系统开关机及仿真软件使用。

（2）熟练掌握训练、考核操作流程及要点。

一、应知任务

（1）井下低压电气设备施工操作技术措施是什么？

（2）《煤矿安全规程》对井下保护接地的要求有哪些？

（3）如何查找电缆故障并进行正确处理？

（4）倒闸操作规定有哪些？

（5）《煤矿安全规程》对电气设备检查维护有何规定？

二、应会任务

1. 施工任务一：井下低压电气设备停送电安全操作

1）停电准备

（1）根据图5－3，正确选择仪器及防护用品。

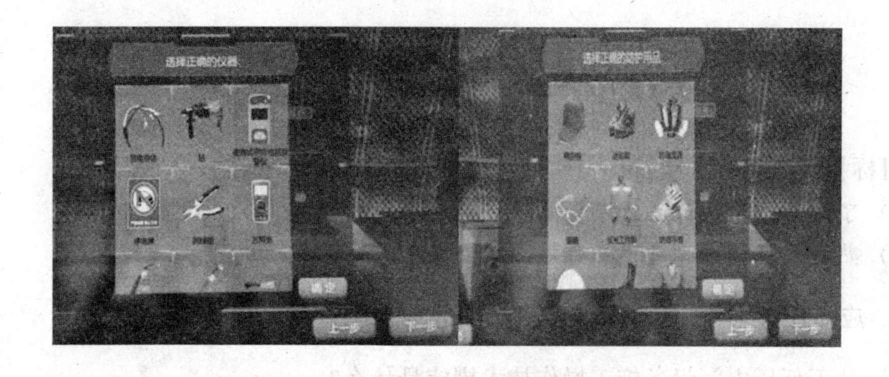

图5-3　选择仪器和防护用品

（2）根据图5-4，选择取得停送电许可。

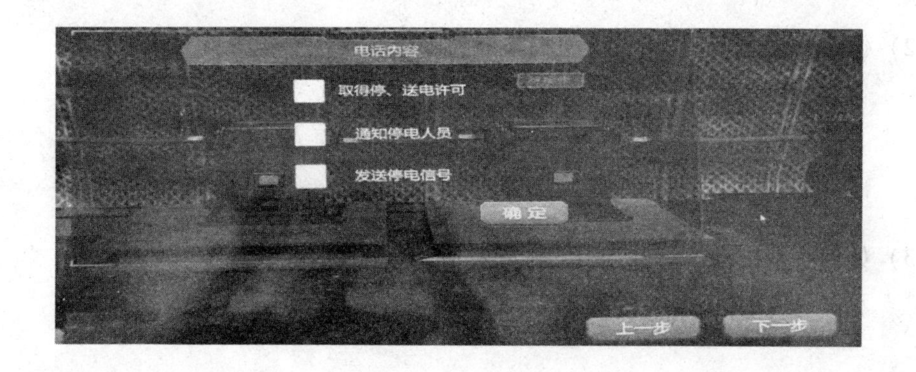

图5-4　停送电许可

（3）根据甲烷浓度（图5-5），确定是否可以继续进行操作。

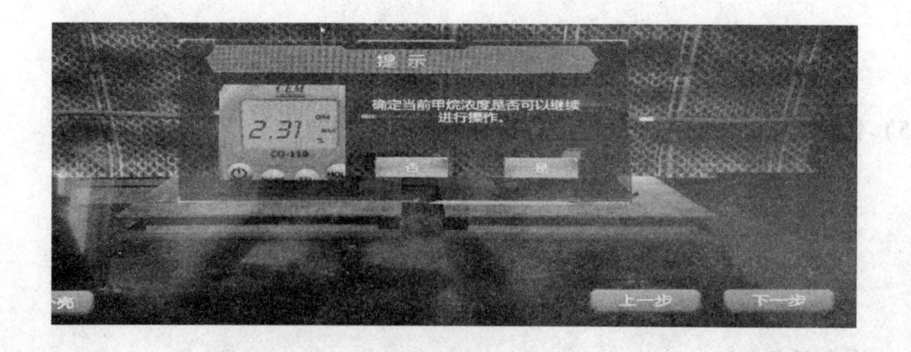

图5-5　依甲烷浓度确定是否继续操作

2）停电安全操作

（1）根据图5-6，掌握停检修开关时的操作步骤。

图5-6　停检修开关

（2）根据图5-7，掌握停上一级开关时的操作步骤。

图5-7　停上一级开关

（3）根据图5-8进行正确的验电、放电工作。

图5-8　验电、放电

3）送电安全操作

（1）根据图5－9，检查接线腔内元器件完好情况，并确认开关内无遗留工具或材料。

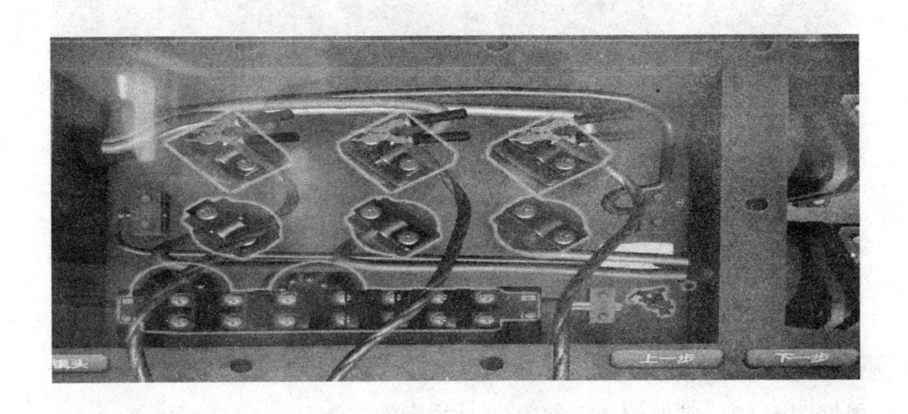

图5－9　检查接线腔内元器件完好情况

（2）根据图5－10进行合盖，注意合盖前先拆除接地线，合盖后拧紧螺栓。

图5－10　合盖

（3）根据图5－11，为上一级开关送电时需要掌握操作顺序：先与停送电人取得联系—确认甲烷浓度范围是否可以进行操作—取下停电牌—确认开关在分闸状态—解除闭锁—合上隔离开关—按动合闸按钮—确认送上电。

（4）根据图5－12，为检修开关送电时需要掌握操作顺序：确认开关在分闸状态—解除闭锁—合上隔离开关—按动合闸按钮—确认送上电。

2. 施工任务二：井下风电、甲烷电闭锁接线安全操作

1）接线前安全检查

（1）根据图5－13所示的3张图片，判断停电是否可靠、作业环境是否安全，设备是否有失爆现象，设备安装位置是否安全、安装条件是否满足要求。

图 5－11　为上一级开关送电

图 5－12　为检修开关送电

图 5－13　安全检查

(2) 根据图 5－14 进行闭锁开关接线安全操作，注意操作顺序。

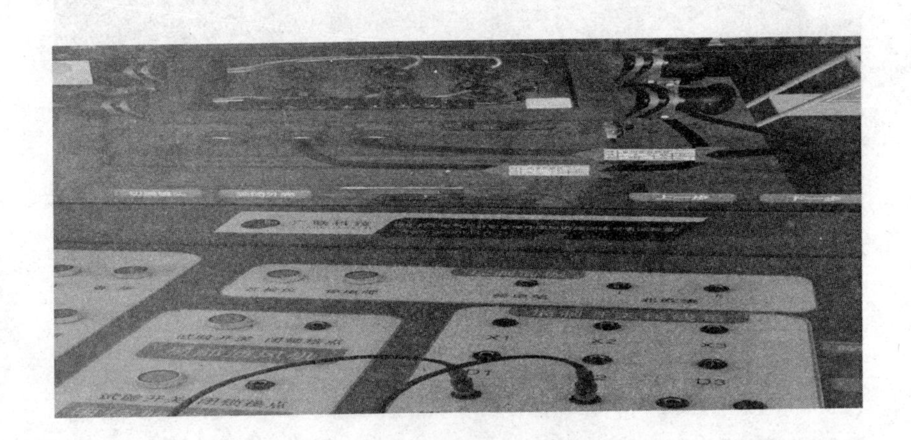

图 5－14　闭锁开关接线安全操作

2) 局部通风机控制开关接线安全操作

(1) 根据图 5－15 进行接线操作。

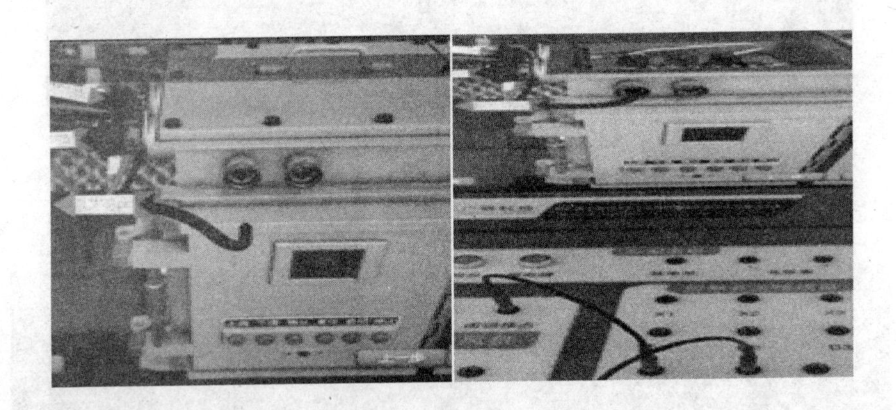

图 5－15　控制开关接线

(2) 根据图 5－16 进行检查操作（步骤：关闭外壳→检查开关附近瓦斯浓度在 1.0% 以下才可以进行下一步操作→解除开关闭锁→按动开关合闸按钮→按动甲烷监控分站试验按钮→确认风电闭锁装置灵敏可靠），注意操作顺序。

3) 甲烷监控分站接线安全操作

(1) 根据图 5－17 进行接线操作。

(2) 根据图 5－18 进行检查操作（步骤：关闭外壳→检查开关附近瓦斯浓度在 1.0% 以下才可以进行下一步操作→解除开关闭锁→按动开关合闸按钮→按动甲烷监控分站试验按钮→确定风电闭锁装置灵敏可靠），注意操作顺序。

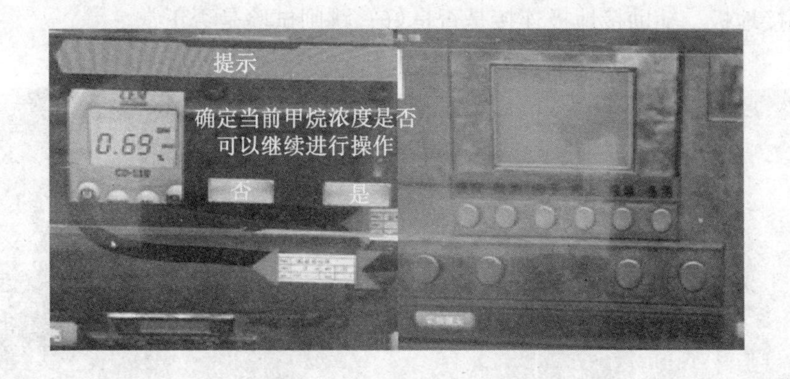

图 5－16　检查操作

图 5－17　甲烷监控分站接线操作

图 5－18　分站检查操作

3. 施工任务三：井下电气保护装置检查与整定安全操作

1）漏电保护装置检查与整定安全操作

（1）根据图 5－19 进行判断：电网绝缘状况是否良好；安装是否平稳可靠、是否无失爆；局部接地极、辅助接地极连接是否良好；跳闸试验是否正常。

图5-19 检查漏电保护装置

（2）根据图5-20对漏电保护装置进行整定：先确认开关是否处于合闸状态；按要求对电子式漏电保护装置完成动作电阻值整定。

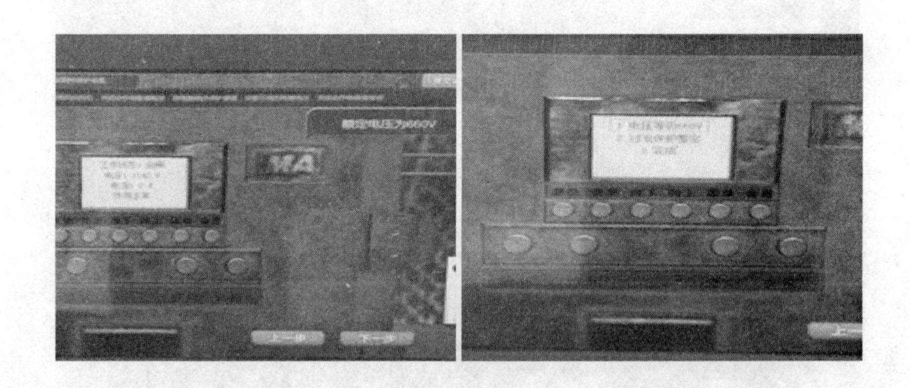

图5-20 漏电保护装置整定

2）保护接地装置安装与拆除安全操作

（1）安装局部接地极：根据图5-21所示确认接地装置完好，依次进行接线，注意接线顺序不能错。

（2）拆除局部接地极：根据图5-22所示拆除局部接地极时，要注意拆除顺序。

3）过流保护装置检查与整定安全操作

（1）根据图5-23所示正确检查过流保护装置：电气开关安装是否平稳可靠；各处导线连接是否良好；各接头触点有无松动、脱落、烧毁；内部插板元件是否有松动、破损。

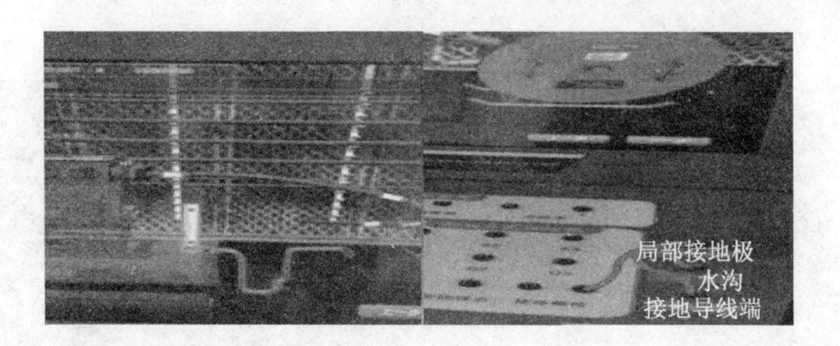

图 5-21　安装局部接地极

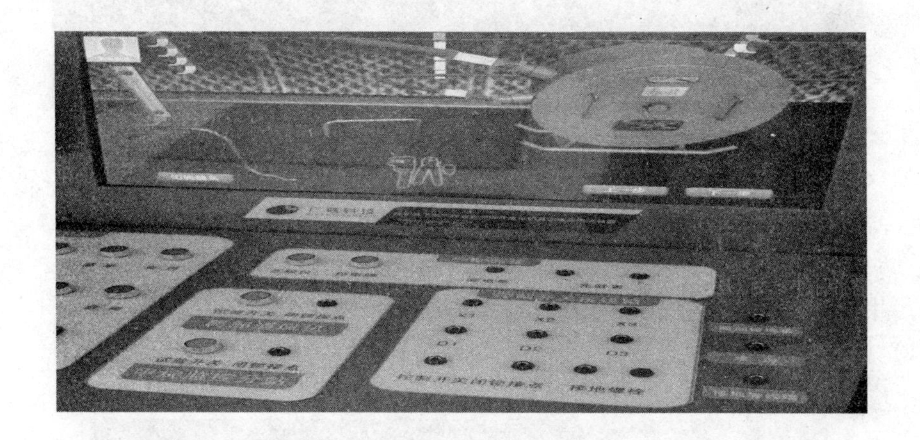

图 5-22　拆除局部接地极

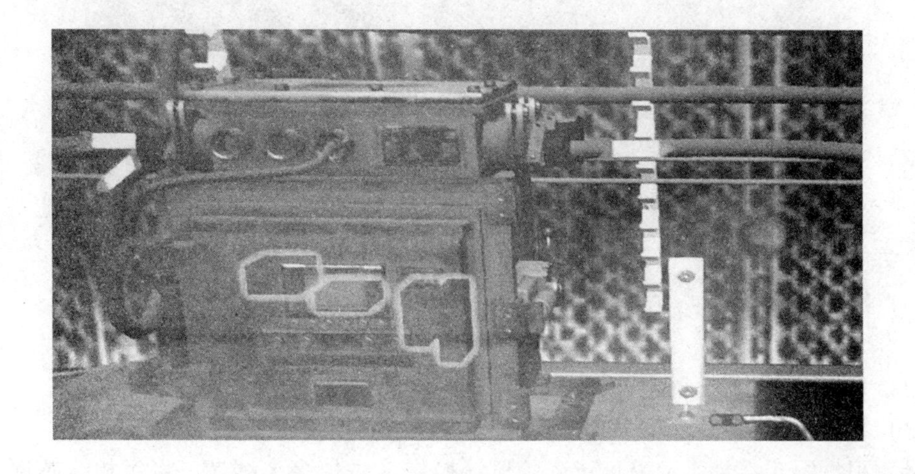

图 5-23　检查过流保护装置

（2）根据图 5-24 所示及面板按键来整定过流保护装置：确认开关是否处于合闸状态；按要求整定短路电流、过负荷电流、过流时间；最后对整定结果进行试验。

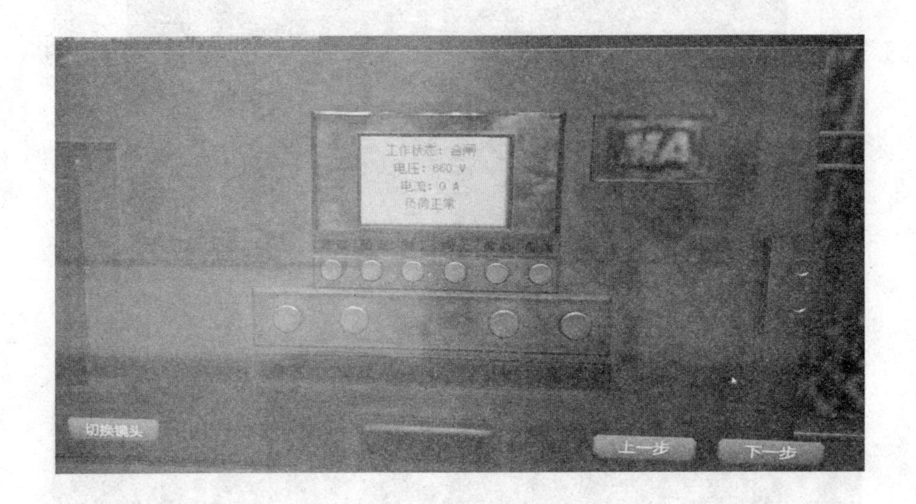

图 5-24　整定过流保护装置

4. 施工任务四：井下电缆连接与故障判定安全操作

1）井下电缆连接安全操作

（1）根据图 5-25 所示来选择去掉护套长度是否符合要求。

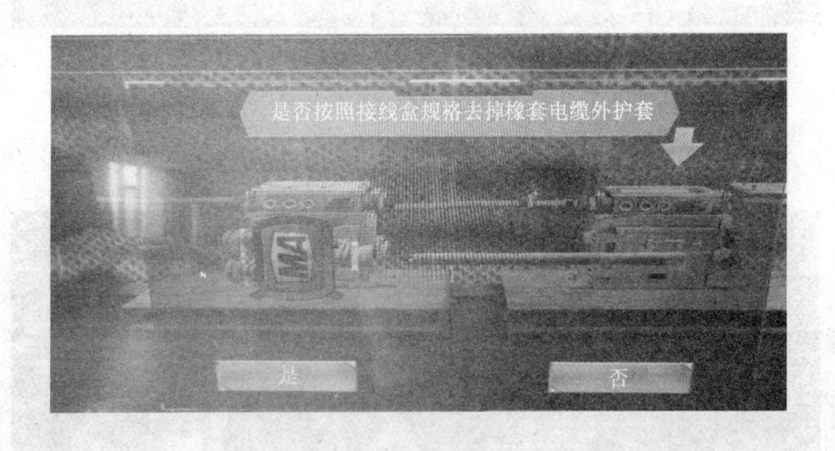

图 5-25　选择去掉护套长度

（2）根据图 5-26，选择正确的进线顺序（压线嘴、金属护圈、密封圈）。

（3）根据图 5-27 所示进行正确的接线，注意操作步骤。

（4）根据图 5-28 所示进行正确的压线操作（去掉多余线芯—将每相线芯逐个压在接线柱上—紧固接线柱螺栓—确认紧固良好—清除接线腔杂物—擦净防爆面—涂防腐油脂—盖上盖—紧固盖上螺栓—检查电缆引入装置是否有失爆现象）。

2）井下电缆故障判断安全操作

（1）根据图 5-29，掌握判断电缆单相接地故障的操作步骤。

图 5-26　选择进行顺序

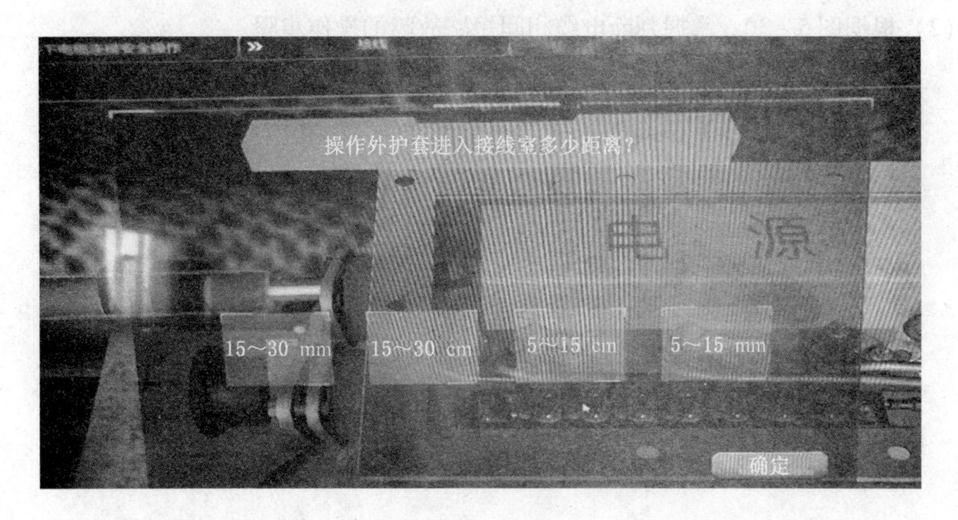

图 5-27　正确接线

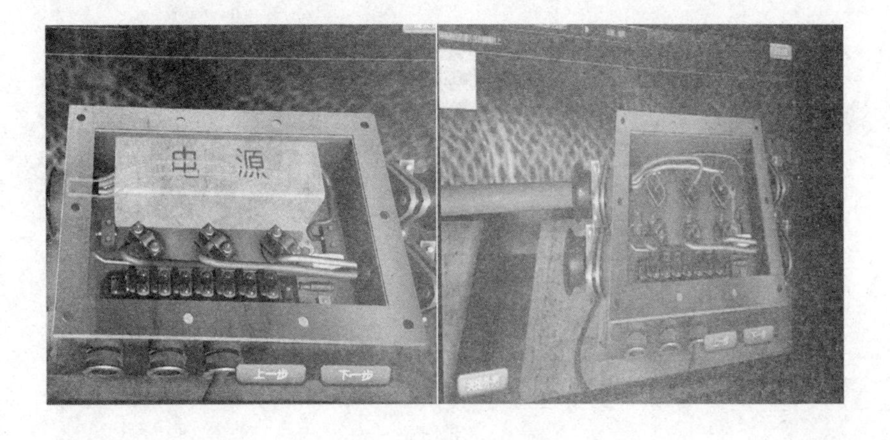

图 5-28　压线操作

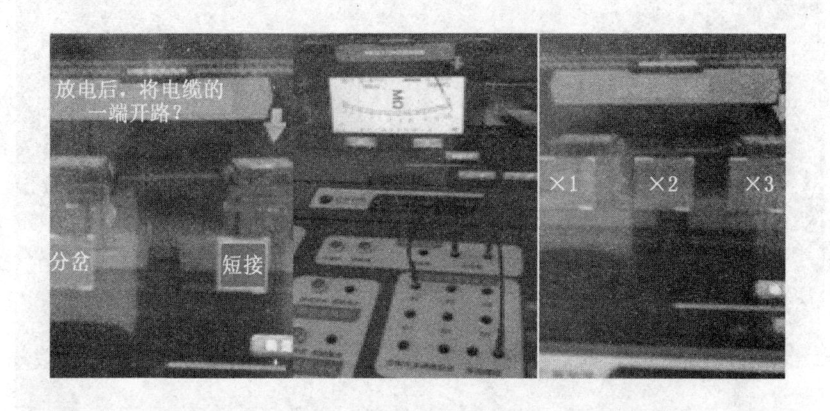

图 5-29　判断电缆单相接地故障

（2）根据图 5-30，掌握判断电缆相间短路故障的操作步骤。

图 5-30　判断电缆相间短路故障

（3）根据图 5-31，掌握判断电缆断相故障的操作步骤。

图 5-31　判断电缆断相故障

5. 施工任务五：井下变配电运行安全操作

（1）根据图5－32，按不同的“工作票”内容填写“操作票”，同时还要联系电力调度部门及时核对“操作票”中的具体操作事项，掌握好“操作票”的全部内容和安全注意事项。

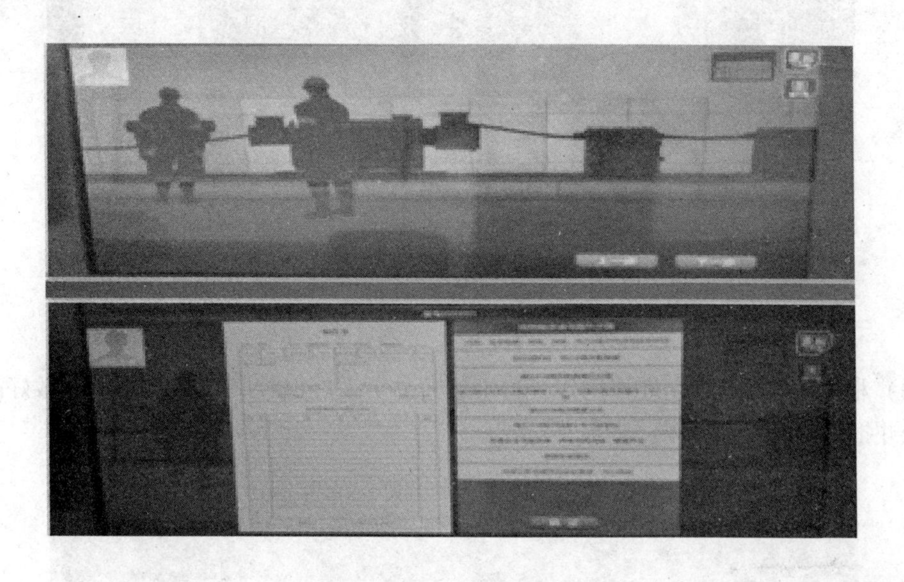

图5－32　填写“操作票”

（2）“操作票”执行：

① 操作准备。根据图5－33，做好操作前的准备工作：检查好防护用品、工具是否齐全完整；停送电前，甲烷浓度是否超过规定，要实行一人操作、一人监护。

图5－33　操作前准备工作

② 对票操作。根据图5－34，两人一组，对照操作票上内容在模拟操作装置上进行线路检修、开关检修、变压器检修模拟操作。

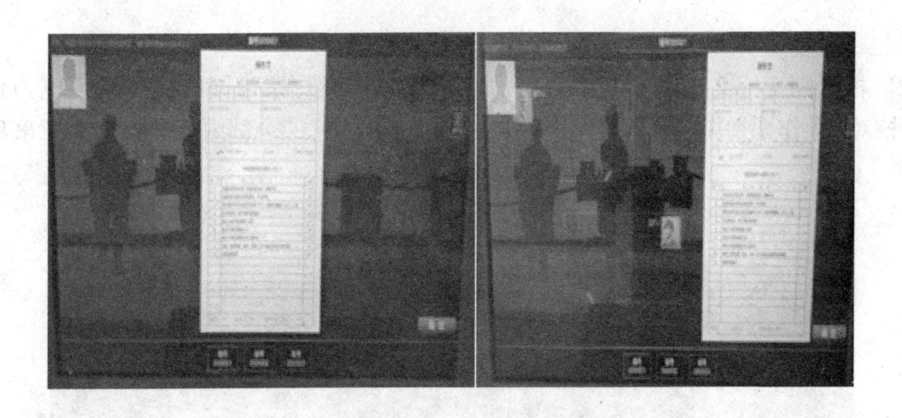

图5-34　对票操作

（3）根据图5-35，在模拟操作装置上进行井下变配电故障判断与处理，做好故障处理记录并报告故障处理结果。

图5-35 变配电故障判断与处理

6. 施工任务六：井下电气设备防爆安全检查

1）防爆安全检查准备

（1）根据图5-36，做好检查准备工作，首先要确认工具、量具是否完好，是否适用防爆检查工作，之后检查瓦斯浓度是否符合要求。

图5-36 防爆检查准备工作

（2）根据图5-37，对设备进行停电、闭锁、挂牌操作。

（3）根据图5-38，使用专用工具对模拟设备进行验电、放电操作，注意操作步骤。

2）防爆安全检查

（1）根据图5-39，正确检查隔爆结合面的间隙、宽度、粗糙度是否符合规定，是否有砂眼、锈蚀、划痕；正确检查隔爆外壳的标志是否清晰、合格，是否有裂纹、开焊、变形、凹坑等缺陷，氧化层是否有脱落；正确检查紧件及衬垫的螺栓、螺母、弹簧垫圈、金属垫圈等是否齐全，是否采用相同规格的紧固件，衬垫材料是否合格，位置是否正确。

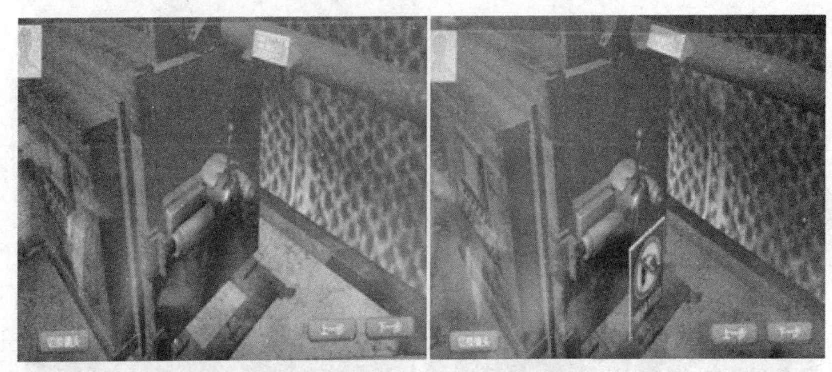

图5-37　停电、闭锁、挂牌操作

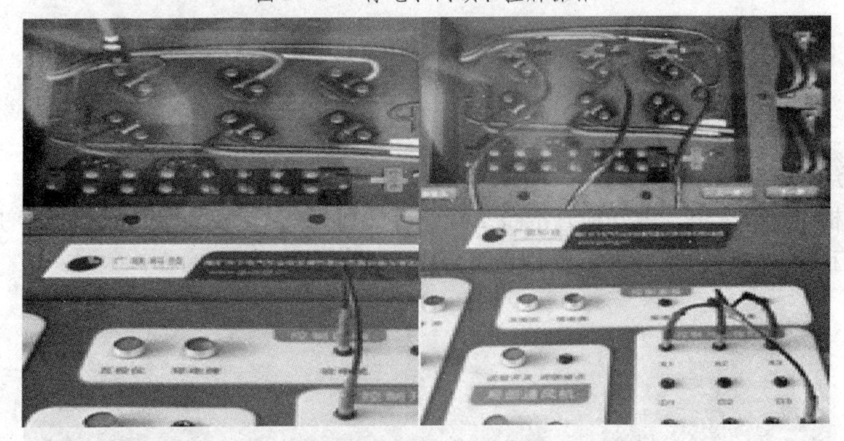

图5-38　验电、放电操作

图5-39　防爆检查

（2）根据图5-40，检查电缆引入装置中电缆是否压紧；一个电缆引入装置内是否只使用的一个密封圈；密封圈是否破损、老化、变形；密封圈内径与电缆外径的间隙是否符合规定；闲置的接线嘴是否用密封圈、挡板、金属挡环依次装入并压紧。

图5-40　电缆接线防爆检查

（3）根据图5-41，检查连锁装置功能是否完好，内部电气元件是否齐全，是否有损伤；保护装置动作是否可靠，并且能够保证电源接通后打不开盖，开盖后送不上电。

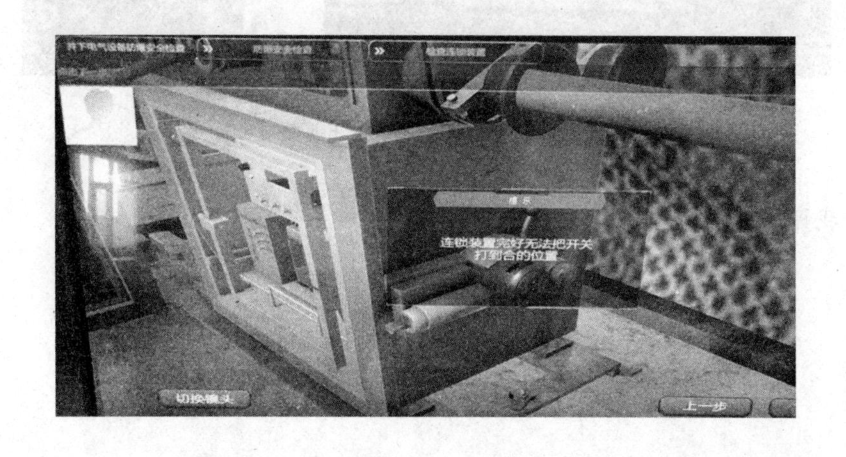

图5-41　检查连锁装置、保护装置

3）防爆安全检查结果处理

（1）根据图5-42，电气设备无失爆现象时应做什么？选哪几项；电气设备有失爆现象时，指明失爆原因，并应落实好现场处理措施。

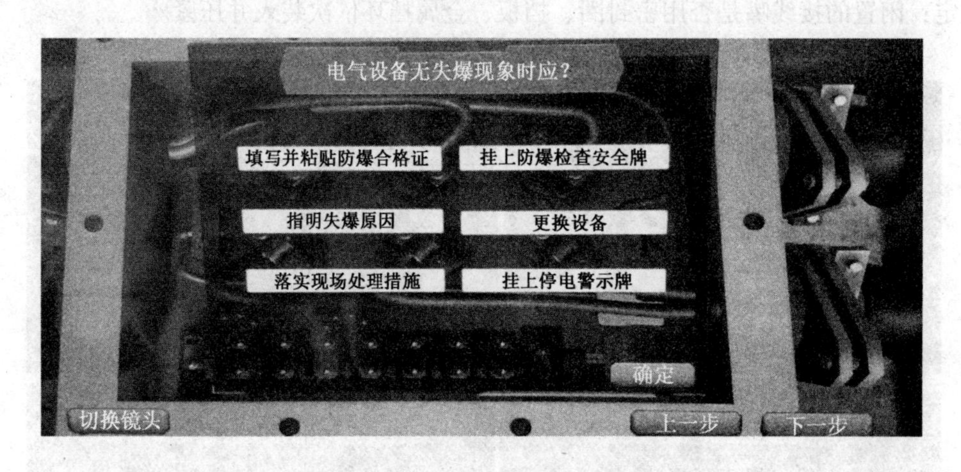

图5-42　有无失爆及相关操作

（2）根据图5-43，正确填写防爆检查记录，并及时报告检查结果与处理结果。

图5-43　填写防爆检查记录并及时上报检查和处理结果

7. 自我评价

学习活动4　总 结 与 评 价

一、应知部分考核标准

每题20分，满分100分。授课过程中可以根据需要增加应知部分考核内容，例如填空、判断、选择等考核题型，相应的配分标准根据实际考核情况做修改。

二、应会部分考核标准

1. 井下低压电气设备停送电安全操作考核标准（中级工在教师指导下完成，高级工要求独立完成）

序号	考核内容	配分	考核要求	评分标准	扣分	得分
1	停电准备	20	1. 检查仪器、防护用品 2. 取得停送电许可 3. 检查甲烷浓度	缺1项或1项操作不正确扣3分		
2	停电安全操作	40	1. 停待检修开关 2. 停上一级开关 3. 验电、放电	缺1步扣2分		
3	送电安全操作	40	1. 检查 2. 合盖 3. 为一级开关送电 4. 为检修开关送电	1. 缺1项扣2分 2. 缺1步扣2分 3. 缺1步扣1分 4. 缺1步扣1分		
4	安全文明生产	0	遵守安全文明生产规章制度	违反安全文明生产规章制度，酌情扣5～100分，此项只扣分，不加分		
开始时间			学生姓名		考核成绩	
结束时间			指导教师	（签字）　年　月　日		
同组学生						

2. 井下风电甲烷电闭锁接线安全操作考核标准（中级工在教师指导下完成，高级工要求独立完成）

序号	考核内容	配分	考核要求	评分标准	扣分	得分
1	接线前安全检查	10	1. 停电是否可靠 2. 有无失爆 3. 位置是否正确等	缺1项扣2分		
2	闭锁开关接线安全操作	10	动力设备控制开关接线	缺1步扣2分		
3	局部通风机控制开关接线安全操作	40	1. 接线 2. 检查	1. 缺1步扣3分 2. 缺1步扣2分		
4	甲烷监控分站接线安全操作	40	1. 接线 2. 检查	1. 缺1步扣3分 2. 缺1步扣2分		
5	安全文明生产	0	遵守安全文明生产规章制度	违反安全文明生产规章制度，酌情扣5～100分，此项只扣分，不加分		
开始时间			学生姓名		考核成绩	
结束时间			指导教师	（签字）　年　月　日		
同组学生						

3. 井下电气保护装置检查与整定安全操作考核标准（中级工在教师指导下完成，高级工要求独立完成）

序号	考核内容	配分	考核要求	评分标准	扣分	得分
1	漏电保护装置检查与整定安全操作	20	1. 检查漏电保护装置 2. 整定漏电保护装置	缺1项扣2分		
2	保护接地装置安装与拆除安全操作	40	1. 安装局部接地极 2. 拆除局部接地极	缺1步扣2分		
3	过流保护装置检查与整定安全操作	40	1. 检查过流保护装置 2. 整定过流保护装置	缺1项扣2分		
4	安全文明生产	0	遵守安全文明生产规章制度	违反安全文明生产规章制度，酌情扣5～100分，此项只扣分，不加分		
开始时间		学生姓名		考核成绩		
结束时间		指导教师		（签字） 年 月 日		
同组学生						

4. 井下电缆连接与故障判定安全操作考核标准（中级工在教师指导下完成，高级工要求独立完成）

序号	考核内容	配分	考核要求	评分标准	扣分	得分
1	井下电缆连接安全操作	50	1. 去护套 2. 进线 3. 接线 4. 压线、合盖	缺1步或1步不正确扣2分		
2	井下电缆故障判断安全操作	50	1. 判断单相接地故障 2. 判断相间短路故障 3. 判断断相故障	缺1步或1步不正确扣2分		
3	安全文明生产	0	遵守安全文明生产规章制度	违反安全文明生产规章制度，酌情扣5～100分，此项只扣分，不加分		
开始时间		学生姓名		考核成绩		
结束时间		指导教师		（签字） 年 月 日		
同组学生						

5. 井下变配电运行安全操作考核标准（中级工在教师指导下完成，高级工要求独立完成）

序号	考核内容	配分	考核要求	评分标准	扣分	得分
1	操作票填写	20	根据不同的工作票内容填写操作票	缺1项或1项不正确扣4分		
2	操作票执行	40	1. 操作准备 2. 对票操作 3. 报告及记录	1. 缺一项扣2分 2. 缺一项扣4分 3. 缺一项扣3分		
3	井下变配电运行故障判断与处理	40	在模拟操作装置上查找和判断变配电运行故障并报告处理结果	缺1步或1步不正确扣3分		
4	安全文明生产	0	遵守安全文明生产规章制度	违反安全文明生产规章制度,酌情扣5~100分,此项只扣分,不加分		
	开始时间		学生姓名		考核成绩	
	结束时间		指导教师	（签字）　年　月　日		
	同组学生					

6. 井下电气设备防爆安全检查考核标准（中级工在教师指导下完成，高级工要求独立完成）

序号	考核内容	配分	考核要求	评分标准	扣分	得分
1	防爆安全检查准备	20	1. 检查准备 2. 停电、闭锁、挂牌 3. 验电 4. 放电	1. 缺1项或1项不正确扣2分 2. 缺1项或1项不正确扣2分 3. 操作内容不正确扣2分 4. 操作内容不正确扣2分		
2	防爆安全检查	40	1. 检查隔爆接合面 2. 检查隔爆外壳 3. 检查紧固件及衬垫 4. 检查电缆引入装置 5. 检查连锁装置	缺1项或1项不正确扣2分		
3	防爆安全检查结果处理	40	1. 确认无失爆 2. 确认有失爆 3. 报告处理结果	缺1项或1项不合格扣2分		
4	安全文明生产	0	遵守安全文明生产规章制度	违反安全文明生产规章制度,酌情扣5~100分,此项只扣分,不加分		
	开始时间		学生姓名		考核成绩	
	结束时间		指导教师	（签字）　年　月　日		
	同组学生					